—— **编委会** ——

主　编
安　勇　傅志群　陈　浩

编　委
汤庆聪　朱志旖　孙　亮
刘　俊　杨溥舜　孙洛宁

本教材为"广州大学—广州市广播电视台全媒体传播实践教学基地"建设成果

影视传媒类专业
"十五五"规划教材

无人机航拍与短视频创作

安勇　傅志群　陈浩

主编

中国传媒大学出版社
Communication University of China Press
·北京·

图书在版编目（CIP）数据

无人机航拍与短视频创作 / 安勇，傅志群，陈浩主编. -- 北京：中国传媒大学出版社，2025.07.

ISBN 978-7-5657-3907-1

Ⅰ. TB869；TP317.53

中国国家版本馆 CIP 数据核字第 2025K7T121 号

无人机航拍与短视频创作
WURENJI HANGPAI YU DUANSHIPIN CHUANGZUO

主　　编	安勇　傅志群　陈浩
策划编辑	高卓毓
责任编辑	高卓毓
责任印制	秦　英
封面设计	拓美设计
出版发行	中国传媒大学出版社
社　　址	北京市朝阳区定福庄东街 1 号
邮　　编	100024
电　　话	86-10-65450528　65450532
传　　真	65779405
网　　址	http://cucp.cuc.edu.cn
经　　销	全国新华书店
印　　刷	唐山玺诚印务有限公司
开　　本	787mm×1092mm　1/16
印　　张	10.25
字　　数	163 千字
版　　次	2025 年 7 月第 1 版
印　　次	2025 年 7 月第 1 次印刷
书　　号	ISBN 978-7-5657-3907-1　　定价 49.00 元

本社法律顾问：北京嘉润律师事务所　郭建平

前　言

随着我国智能手机和5G应用的普及，短视频满足了社会公众日益碎片化和娱乐化的信息消费需求，《中国网络视听发展研究报告（2023）》的数据显示，截至2023年3月，我国短视频用户的规模达到10.12亿，并向各类网民群体渗透。短视频内容需求的爆发，助推了国内的短视频平台的迅猛发展，并由此产生了依托于平台的短视频内容经济。根据iiMedia Research（艾媒咨询）发布的《2023年中国短视频行业市场运行状况监测报告》，2022年中国短视频市场规模达到3765.2亿元人民币，同比增长83.6%，预计2025年这一数字将达到10 660.8亿元人民币。

短视频经济的高度繁荣，优质短视频创作者通过平台获得内容补贴、广告植入和图文带货等经济回报，进一步刺激了短视频内容创作者的规模增长。《中国短视频发展研究报告2023》数据显示，2018年至2022年，我国有近4.75亿短视频用户不同程度地参与了内容创作，发布过自制短视频的用户比例从28.2%攀升至46.9%，短视频成为普通人记录生活、表达自我的重要形式。同时，职业创作者群体不断壮大。获取收益的创作者数量连续三年稳定增长，职业创作者数量占创作者群体比重已近四分之一。

国内短视频行业的快速发展以及日益激烈的市场竞争，导致短视频创作日益内卷，如何创作爆款短视频、获取最大化的流量已成为每一个短视频创作者必须关注的问题。短视频创作的技巧已经被广泛讨论，有不同经验体系的总结，而融入无人机航拍的短视频创作技巧尚无权威的探讨。本书在广州市广播电视台的大力支持下，通过大量的案例研究，探索了无人机航拍与短视频创作的实战技巧，形成了基于无人机航拍的爆款短视频创作的规律总结，并形成实战型方法论。我们相信，伴随着无人机航拍的日益普及，融入更多航拍镜头的短视频创作将会成为短视频内容生产的重要流派，基于无人机航拍应用的短视频创作的实战技巧和方法论对于专业新闻生产机构、市场化的短视频团队或者个人短视频创作者都具有重要的借鉴价值。

从内容架构特点来看，本书立足于大量的案例分析，从无人机航拍切入短视频的创作技巧，中间融入了无人机航拍与短视频项目的策划全流程，包括无人机航拍团队组建、航拍设备配置、航拍短视频项目策划、航拍短视频脚本撰写、航拍短视频现场实施、航拍无人机飞行技巧、航拍短视频后期剪辑及发布运营。

感谢广州市广播电视台对于本书的鼎力支持，本书创作团队通过对花城航拍团队及其他优秀航拍短视频团队的深度访谈，获得经典实战案例及航拍项目的实际操作经验。这些内容不仅丰富了本书的案例，也令本书的内容最大限度地贴近航拍短视频行业的实战应用。

无人机航拍与
短视频创作
图书总码

目　录

第一章　无人机航拍短视频团队组建 …………………………………… 1

　基础知识 …………………………………………………………………… 1

　案例展示 …………………………………………………………………… 2

　　花城航拍的团队组建 …………………………………………………… 2

　案例解读 …………………………………………………………………… 5

　　编导 ……………………………………………………………………… 6

　　飞手 ……………………………………………………………………… 8

　　地面拍摄 ………………………………………………………………… 9

　　后期剪辑 ………………………………………………………………… 9

　　分发运营 ………………………………………………………………… 12

　应知应会 …………………………………………………………………… 13

　　航拍短视频团队中的编导是什么角色？编导与导演有什么

　　　区别？ ………………………………………………………………… 13

　　AI会在将来取代视频生产或后期剪辑吗？ ………………………… 15

　　从团队角色分工的视角，分发运营是爆款短视频产生的

　　　关键吗？ ……………………………………………………………… 16

第二章　航拍无人机设备的配置 ... 18

基础知识 ... 18

案例展示 ... 18

 花城航拍的人员及设备配置 ... 18

 影航映画的人员及设备配置 ... 20

案例解读 ... 21

应知应会 ... 24

 从航拍无人机的品牌和技术角度，如何选择合适的航拍设备？ ... 24

 从拍摄场景匹配的角度，如何选择航拍无人机设备？ ... 27

 航拍无人机与穿越机（FPV）之间有什么差异？ ... 27

 航拍无人机的必需配件有哪些？为什么无人机品牌的售后服务很重要？ ... 29

第三章　无人机航拍短视频项目策划 ... 31

基础知识 ... 31

案例展示 ... 32

 花城航拍：《潮起珠江，广交世界》 ... 32

 隆视觉：广州塔夜景 ... 36

 影航映画：白鹅潭烟花表演 ... 37

案例解读 ... 38

 以选题定方向，以策划谋全局的策划思维 ... 39

 以文化为导向，创造作品的情绪价值 ... 44

 以特效为抓手，狠抓"黄金3秒"开场 ... 45

应知应会 ... 48

 是否所有的航拍短视频项目都需要经过策划环节？ ... 48

 如何训练成为一名合格的具有"网感"的策划/编剧？ ... 49

 除了"黄金3秒"开场，短视频编剧还需要考虑哪些数据评价指标？ ... 50

第四章　无人机航拍短视频脚本撰写 ································· 53

基础知识 ·· 53

案例展示 ·· 55

花城航拍：《机遇广州》 ·· 55

流氓兔视觉：《致春天·广州》 ·· 57

案例解读 ·· 58

应知应会 ·· 64

是不是所有的短视频拍摄都需要撰写脚本？ ····························· 64

故事脚本与分镜脚本的主要区别是什么？分镜脚本有没有

  固定模板？ ·· 66

分镜脚本与现场拍摄有了冲突怎么办？ ··································· 67

AI 创作剧本在现阶段的成熟度如何？ ····································· 68

第五章　无人机航拍短视频现场实施 ································· 72

基础知识 ·· 72

制订拍摄计划 ·· 73

拍摄准备 ··· 75

现场拍摄 ··· 76

拍摄完成 ··· 76

案例展示 ·· 77

花城航拍：《见证世界之约，穿越 IFF 国际金融论坛永久会址》 ······ 77

隆视觉：江洪天光鱼市 ·· 78

影航映画：《海上巨人》 ·· 80

案例解读 ·· 81

应知应会 ·· 83

飞手如何对无人机航拍飞行计划进行报备？ ····························· 83

如何规划航拍无人机的飞行路线？ ······································· 84

在无人机航拍过程中，可能遇到的风险有哪些？ ························ 86

第六章　无人机航拍飞行技巧 ……88

基础知识 ……88
- 航拍无人机飞手资质 ……88
- 航拍无人机飞手的飞行技巧 ……91
- 航拍画面的构图美学 ……93

案例展示 ……97
- 花城航拍：广州 2024 全球招商宣传片 ……97
- 隆视觉：《广州的夏天》……97

案例解读 ……99

应知应会 ……101
- 什么是无人机飞行的视距内和超视距？……101
- 航拍无人机在飞行中会遇到哪些风险及如何应对？……102
- 飞手如何培养独具个性的运镜风格？……104

第七章　无人机航拍短视频后期剪辑及发布运营 ……108

基础知识 ……108
- 视频素材的保存与备份 ……108
- 视频剪辑与后期特效 ……110
- 短视频的发布与运营 ……114

案例展示 ……115
- 花城航拍：《真的爱你》……115
- 花城航拍：《珠江花月夜》……116
- 隆视觉：《天成台度假村》……117

案例解读 ……118

应知应会 ……120
- 航拍短视频的后期制作必须用到专业的后期剪辑软件吗？……120
- 如何看待原始视频素材与后期剪辑的关系？……125
- 一位合格的短视频后期剪辑师需要怎样的基本素养？……127

如何做到基于数据分析思维的短视频发布与运营？ ………………… 128

第八章　爆款无人机航拍短视频方法论 ……………………………… 132
基础知识 …………………………………………………………………… 132
五种情感 ……………………………………………………………… 134
"吸引"阶段 ………………………………………………………… 136
"激发"阶段 ………………………………………………………… 137
"共情"阶段 ………………………………………………………… 139
案例展示 …………………………………………………………………… 142
影航映画：《广州灯光节》 …………………………………………… 142
花城航拍：《光语广州》 ……………………………………………… 143
案例解读 …………………………………………………………………… 144
应知应会 …………………………………………………………………… 145
为什么说爆款航拍短视频的生产是一项系统工程？ ………………… 145
爆款短视频提供的情绪价值是什么？ ………………………………… 147
用户观看黏性的主要构成是什么，主要受哪些因素的影响？ ……… 149

第一章　无人机航拍短视频团队组建

 **基础知识**

所有创意型内容生产，人的因素总是第一位的，考验的是人的创造力。因此，无人机航拍短视频团队的组建是高质量视频内容生产的关键。根据项目背景和商业性质的差异，本书将无人机航拍短视频团队分为两类：第一类是以广电等传统新闻机构为背景的航拍短视频团队，其特点是以新闻性为主，商业性次之。此类型团队的首要职责是新闻生产，内容选题围绕社会新闻或政务宣传，对于短视频内容的商业变现能力则不做主要考量。第二类是纯商业性的航拍短视频团队，其特点是以商业变现为核心，新闻性次之。这类航拍短视频团队需要在内容生产和人力成本之间取得平衡，更加强调内容策划的"网感"，重视内容产出的效率及内容流量变现的运营。

以上两个类型的航拍短视频团队，由于项目的背景和导向不同，在岗位构成、人员素养及运作流程等方面均有所不同。其差异如表1-1所示。

表1-1　不同类型航拍短视频团队的异同

项目背景	岗位构成	人员素养	运作流程
广电等新闻生产机构	编导	新闻意识强，能导会剪，内容发布	内容或账号的运营以新闻报道为导向，弱化发布平台的播放数据及内容的变现
	飞手	具有新闻编导思维，航拍技术扎实稳定	
	后期剪辑	效率优先，剪辑风格侧重新闻性和稳健	

续表

项目背景	岗位构成	人员素养	运作流程
商业短视频运营机构	编导	强调"网感",抓热点,流量为先的思维导向	团队规模比较小,内容侧重社会热点,内容生产灵活快速,重视内容的商业变现运营
	飞手	炫技派,重视航拍技术和技巧的创新运用	
	后期剪辑	非固定岗位,由编导或飞手兼任	
	分发运营	重视内容发布和账号商业变现	

需要说明的是,商业航拍短视频团队组建通常具有三个特点:第一,团队构成比较精简,效率优先,一个主账号通常只有1~2个人负责内容策划、航拍、后期剪辑和内容发布运营,因此对于人员的素养要求强调一专多能。第二,项目的运营思维更加重视从内容到商业快速变现的路径规划,通过原创素材销售、承接拍摄项目或者平台流量补贴等方式快速实现内容流量的商业变现。第三,商业航拍短视频团队的编导"网感"敏锐,擅长追热点,重视创意的创新性和流量的爆发性,但长远的内容生产规划能力有所欠缺,项目团队的持续运营能力不足,因此一些商业航拍短视频团队经历了短暂辉煌之后快速"泯然众人"。究其原因,大部分是短视频内容变现的路径受阻、缺乏资金维持核心团队的稳定性、编导内容生产能力不足,进而导致内容流量枯竭,无法实现流量变现,形成恶性循环,最终账号的运营归于平淡甚至消逝。

案例展示

花城航拍的团队组建

随着短视频社交媒体时代的到来,因优质内容而产生流量,因流量而产生商业价值,成为内容生产机构的典型商业模式。这种商业模式也适用于深陷广告营收泥淖的广电新闻机构。因此,成立以短视频内容生产为核心的新媒体运营中心,成为广电新闻机构实现内容生产和商业模式转型的必由之路。融合了无人机航拍的短视频内容，凭借其独特且令人震撼的视角成为吸引网络流量的利器。而这也正是花城航拍诞生于广州市广播电视台新媒体运营中心的时代与行业背景。

广州市广播电视台加快构建融为一体、合而为一的全媒体传播格局，打造强而优的湾区媒体，提升传播能力，花城航拍新媒体矩阵应运而生。花城航拍是广州市广播电视台大小屏融合超高清技术展示节目之一，既在电视大屏播出，也在小屏端有新媒体矩阵。精品视频除了在微信视频号首发，还在央视频、人民日报、学习强国等央媒平台同步报送，在"花城+"App、抖音、快手等近20个融媒体号全面推送，在《广州新闻联播》等电视端"大屏"、媒体港户外大屏等"智屏"播出，形成了网上网下一体的立体传播矩阵，打通"大屏、小屏、智屏"多屏联动，让作品传播得更广、让讲好广州故事的好作品发出更强音。

花城航拍自2021年创办以来，创意频出、惊喜频现，激扬正能量、澎湃大流量，出新出彩讲好湾区故事、广东故事、广州故事，通过创作的"现象级"爆款短视频打出了知名度。2021年8月，在广东省委网信办和文明办举行的第八届广东省网络文化精品宣传推广活动中，花城航拍出品的《不老骑队》《真的爱你》分别获得社会公益主题网络文化精品奖和最受网民欢迎作品奖。作品《老友广交会》获2021年度广东省广播影视奖网络视听类网络短视频三等奖、2021年度广州市广播电视节目奖网络视听类网络短视频一等奖。作品《粤剧防疫》获2021年度广东省广播影视奖电视公益广告长作品二等奖、2021年度广州市广播电视节目奖节目类电视公益广告长作品二等奖。

经过后续建设，花城航拍在新媒体融合创新实践方面取得了丰硕的成果，主要体现在以下四个方面。

第一，聚焦"航拍+"精品，打造多条现象级视频。花城航拍成立至今，为广州乃至粤港澳大湾区形象宣传生产了大量优质短视频产品，矩阵总传播量超过5亿人次，《广州"燃"宇宙》《光绘龙图腾》《爱是永恒》等单渠道超千万的现象级作品接连涌现。

第二，花城航拍着力提升国际传播效能，"造船出海"多措并举，持续拓宽国际传播渠道，生动讲好中国故事和湾区故事。短视频作品多次被光明日报公众号、中国国际电视台（CGTN）、人民日报等央媒转载，还有香港商报网、《紫荆》杂志、凤凰周刊等50家以上媒体及大量自媒体转载。花城航拍精品短视频的国际传播还体现在海外转载平台，如脸书、推特等内容社交平台，并多次被中华人民共和国外交部发言人华春莹转载至个人推特主页。

第三，聚合"航拍+"力量，成立"湾区航拍"联盟。花城航拍联合"流氓兔视觉""隆视觉"等超50位湾区头部航拍博主，进一步探索主流媒体与社会自媒体大V协同发展的新型合作模式，促进优势互补，实现合作共赢。

第四，创新"航拍+"应用，实现年创收超千万。花城航拍通过"航拍+"模式实现线下产业化，打造联盟式素材库，实现电视台版权交易创新性发展，2023年年度收入规模超1000万元。

关于账号运营，花城航拍主力运营的账号是抖音号和视频号。截至2024年4月，花城航拍官方自媒体账号累计发布作品326个，花城航拍官方视频号发布原创作品189个。

目前，花城航拍的团队规模为16人，包括总策划1名、飞手2名、编导11名、后期剪辑2名。其中，总策划负责内容产出的审核、官网账号的运营和行政事务的对接与管理。花城航拍的团队架构如图1-1所示。

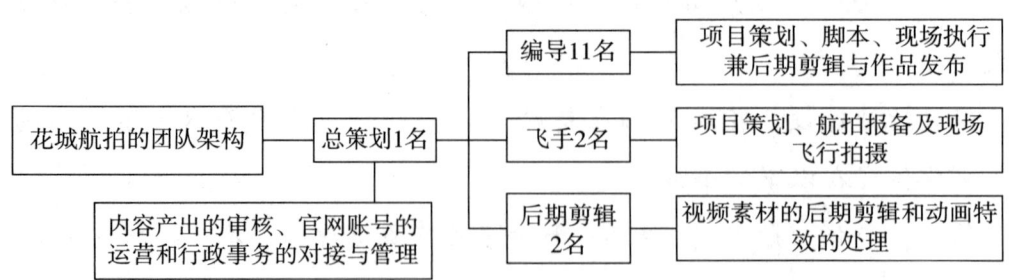

图1-1 花城航拍的团队架构

案例解读

花城航拍团队依托广州市广播电视台，人员岗位编制充足。在16人的编制中，编导占据了11个名额。这种情况一方面反映了花城航拍对内容策划的重视，希望通过优质内容产生流量；另一方面反映了广电新闻机构作为政府宣传窗口的特点。花城航拍肩负着报道广州市重要政府活动和社会新闻的职责，因此有必要保持相对宽裕的编导资源，灵活应对突发或重大社会新闻的内容生产需求。

实际上，花城航拍的团队中还有一个岗位——地面拍摄。这个岗位没有固定编制，但在某些拍摄项目中必不可少。地面拍摄镜头作为航拍镜头的补充，可丰富短视频后期剪辑的素材。当然在某些情况下，地面拍摄的视角可能是短视频的主视角，航拍镜头反而成了补充。这种情况就需要灵活处理，根据项目策划及分镜脚本而定。

商业航拍短视频团队考虑更多的是流量变现，在编导抓取热点的"网感"方面有更高的要求，同时重视账号的运营。图1-2展示了详细的商业航拍短视频团队架构。

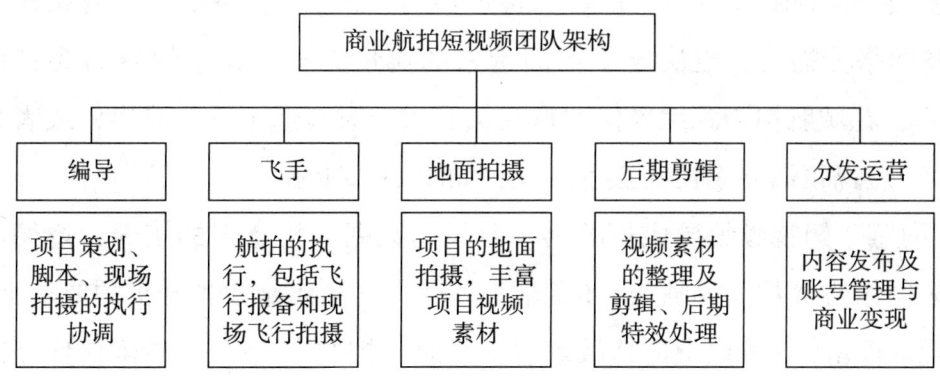

图1-2 商业航拍短视频团队架构

需要强调的是，图1-2所示的团队架构是完整版的，或者是公司化运作的短视频生产机构所采用的。而市场上很多商业航拍短视频团队精简人员，团队成员通常一专多能、身兼多职，在保证项目执行效率的同时，尽可能降低人力成本，如编导和飞手通常合二为一，由同一个人担任。甚至有些团队将编导、飞手和后期剪辑、分发运营整合到一个岗位中，这种"个体户"式的航拍短视频团队在短视频生产市场中屡见不鲜。

总而言之，商业航拍短视频团队的每一个成员都必须是一专多能的复合型人才，能策划、写脚本、懂航拍、会剪辑，还要熟悉账号的发布运营，甚至流量的商业变现。这是因为短视频时代"快拍快发"的节奏，要求最大限度缩短作品从制作到发布的时间周期。但这并不意味着不同岗位的职责素养彻底混淆和模糊，"术业有专攻"仍然是一支专业的航拍短视频团队需要坚持的。

借由花城航拍团队组建的案例，对航拍短视频团队的每个岗位及其素养要求详细解读如下。

编导

编导的职责在于短视频项目的策划及内容脚本撰写，即负责短视频"拍什么"。根据内容即流量的原则，编导是短视频团队的核心竞争力，也是团队最宝贵的人力资源。

航拍短视频团队的编导是否具备足够的"网感"，决定了短视频作品是否具备网络传播力，也决定了作品带来的流量大小。关于编导需要具备的"网感"，花城航拍资深编导何欣盈在接受采访时提炼了三个境界，或者称为"网感"短视频编导成长的三个阶段，如图 1-3 所示。

"网感"短视频编导成长的第一阶段是数据分析意识的培养，遵循爆款短视频创作的"数据规则"，如黄金 1 秒开头（比黄金 3 秒开头的要求更高）吸引观众停留，5 秒以上的持续观看，总时长控制在 15~30 秒确保作品的完播率。其他数据指标如评论量、点赞量、转发收藏量等，也是编导内容创作的参考。

第二阶段进入技术积累期，开始追求各种创作技巧的运用。他山之石，可以攻玉。编导要通过分析爆款短视频作品，总结和提炼内容创作的技巧，如借势社会热点、情感共鸣、反转情节、设置悬念等创作技巧，增强短视频作品的表现力，实现良好的播放数据表现和引流效应。

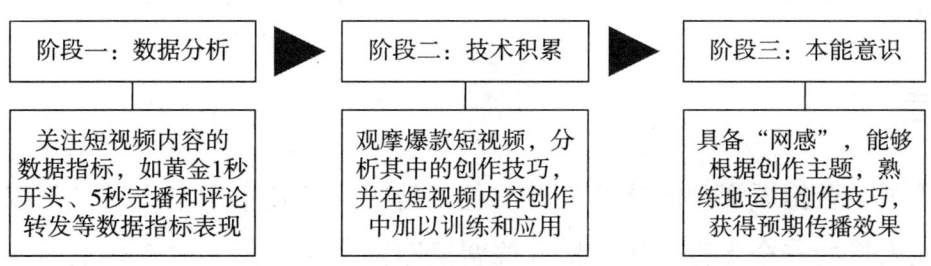

图1-3 "网感"短视频编导成长的三个阶段

第三阶段称为"网感"培养的小成阶段。通过前面两个阶段的训练，数据意识和创作技巧已经融入创作本能中，编导可以根据不同的主题快速形成具有爆款潜质的短视频脚本，并运用适合的创作技巧。

以上仅是传统意义上的短视频编导的成长历程，实际上，航拍短视频的编导不仅要具备"网感"，还要具备"空间感"，需要考虑内容创作中的航拍镜头融入的问题。对此，花城航拍的编导何欣盈深有感触："在花城航拍的项目中航拍镜头是关键，这就需要编导在内容创作时结合提前勘测的拍摄场地，将分镜脚本的场景在脑海中模拟飞行一遍，预想航拍能够得到的画面，并结合后期特效思考如何构图的问题，尽量为后期特效添加考虑实施空间。因此，航拍短视频编导需要在具备'网感'的基础上，培养镜头规划的'空间感'，显著提升与飞手和后期剪辑的沟通效率。"

为了能够快速出片，短视频编导通常还需要熟练掌握后期剪辑及作品发布的技能。例如，在本书采写的过程中，笔者参与了花城航拍2023年黄埔马拉松的新闻报道，为了保证新闻的时效性，编导何欣盈承担了视频素材的后期剪辑任务，并且在2个小时内将成片发布在了花城航拍的官方抖音和视频号。由编导参与后期剪辑工作可以最大化地实现编导关于作品的创作意图，保障作品的出品质量。

总结而言，航拍短视频团队的编导必须是一个多面手，具备足够的"网感"，能够策划具有爆款短视频潜质的选题内容，同时还需要具备无人机"鸟瞰"画面的空间感知能力，能够在脚本的策划阶段和飞手紧密默契地配合。编导还要能够对视频素材进行基本的剪辑，为作品的二次艺术加工提供助力。

▶ 飞手

飞手是航拍短视频团队的关键角色，是团队的技术中坚力量，不仅负责航拍无人机的安全飞行，还承担着首席摄影师的重任。一名合格的航拍飞手不仅要具备相关的资质认证，还需要具备一定的编导思维，能够在项目策划阶段提供内容创意的构想，在航拍过程中理解和贯彻编导意图，确保在拍摄现场高效获取理想画面。

以花城航拍飞手杨溥舜为例，作为一名拥有 AOPA 合格证、超过 7 年的航拍实战经验的资深飞手，他在访谈中重点讲述的不是飞行技巧的问题，而是飞手应该具备编导思维："其实作为一名飞手，不仅要具备熟练的无人机操控技术与丰富的实战经验，而且要具备编导思维，这样才能在拍摄现场以最快的速度操作无人机获取理想的画面素材，尤其是在拍摄时间窗口有限或者有其他限制因素的情况下，很多时候航拍机会稍纵即逝，补拍镜头的可能性几乎没有。"

另一位花城航拍的飞手陈乐对于岗位职责则有另一番见解："飞手不仅要具备航拍镜头实现的技术思维，还要具备内容二次提升的创作思维，在贯彻编导思路的基础上，通过独具个性的飞行路线及画面风格，让短视频画面更具吸引力，提升内容的表达力。"以多样和大胆运镜为特征的陈乐正是这样的飞手，他擅长融入穿越机（FPV）的独特视角与画面，通过二次创作为航拍短视频的内容增加视觉张力和吸引力。

从综合要素方面，一名航拍短视频飞手的成长历程同样可以划分为三个阶段，如图 1-4 所示，具体不再详述。

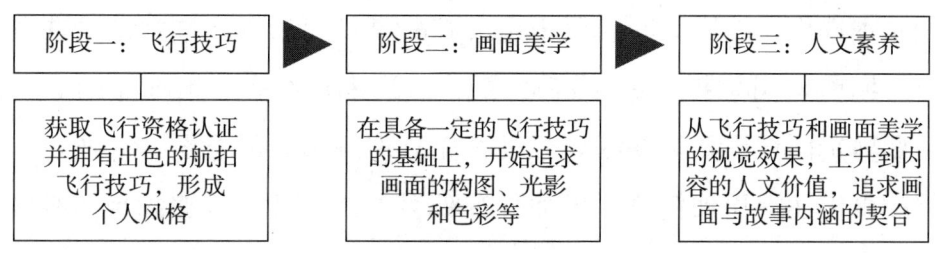

图1-4 航拍短视频飞手成长的三个阶段

▶ 地面拍摄

从视频素材拍摄的丰富度和完整度角度，航拍短视频团队也需要地面拍摄的配合。甚至根据项目需要，地面拍摄的镜头画面在成片中占据了主要地位，航拍镜头反而成为点缀。这种画面使用比例取决于短视频制作方的需求，不一而足。

从专业视频拍摄的角度，地面拍摄团队的设备分为两类：专业摄影设备和配备手持稳定器的微单。从短视频拍摄的行业实践来看，后者已占据了主流地位，主要是因为微单拍摄视频功能的进步以及手持稳定器的应用普及，"微单+手持稳定器"的解决方案更具性价比和灵活性，能够可靠地满足网络高清视频制作的技术参数要求。

花城航拍的地面拍摄也选择了"微单+手持稳定器"的解决方案，人员根据拍摄项目的情况灵活调配，通常为1~2人。如果是政务类或重大活动的拍摄任务，花城航拍可以使用电视台里其他部门的相关视频素材，丰富作品的内容。

此外，"微单+手持稳定器"的解决方案还有一个好处，即可以随时拍摄高精度的静态图片。这些图片可以作为视频封面或其他宣传素材。从这个意义上而言，地面拍摄人员还需要具备一定的平面摄影素养，掌握光影、构图及关键画面抓拍能力。

▶ 后期剪辑

后期剪辑的准确描述应该是"后期特效与剪辑"。剪辑是处理原始视频素材的基本操作，按照时间线用镜头讲好故事；而为视频增加动画或其他特效是对后期剪辑岗位提出的更高要求，主要解决的是视频画面的吸引力问题。后期剪辑同样需要具备编导思维，充分理解编导的意图，并通过二次创作，将故事讲述得更加精彩、更加具有吸引力，甚至更能够满足短视频吸引流量的需求。

在实际项目操作中，根据剪辑工具选择、特效复杂程度以及短视频的类型，后期剪辑主要分为三个应用场景：轻度、中度和重度应用场景。其中，航拍短视频主要应用于前两个场景，即轻度应用场景和中度应用场景；重度应用场景通常是专业新闻生产机构的重大主题报道、专业的影视剧或纪录片的创作场景。

（1）轻度应用场景：此类场景涵盖了大部分应用于网络传播的短视频剪辑场景，借助后期剪辑软件快速完成剪辑，快速发布，以便满足内容时效性要求（通常要求在1个小时内完成素材整理、剪辑和发布），最大限度收获热点事件的流量红利。这种情况下的后期剪辑追求的是效率，借助电脑端甚至手机端的后期剪辑软件，如剪映等，完成基本的视频素材整理，辅以简单的画面特效，即可成片并发布。

这种后期剪辑的应用场景是突发新闻或事件的短视频制作，追求"叙事节奏"而非画面的色彩与复杂特效。通常，网民拍摄社会新闻事件短视频会采用这种便捷的后期剪辑方式。

（2）中度应用场景：适用于对短视频作品有一定品质要求的专业场景。这种要求包括较为复杂的后期处理，如色彩调整、动画特效、背景音乐、旁白等，而不仅仅是视频内容"叙事节奏"的简单调整。这种应用场景通常运用较为专业的后期剪辑软件，如Premiere、达芬奇或Finalcut、剪映等，在满足基本的剪辑需求之外，实现更加复杂和精细的画面处理。

后期剪辑的中度应用场景适用于对时效性要求不高的短视频，如花城航拍的城市自然风光主题短视频，但对画面质量和美感要求较高。此外，适用于此场景的短视频的时长也比较长（约2分30秒），这与网络短视频平台大多数的短视频（约15秒）不同，因此后期剪辑的空间较大，对后期操作的专业性要求较高。

（3）重度应用场景：此类场景在网络短视频的制作中应用不多，毕竟网络短视频需要的是强时效和热点效应，对于画面调色及复杂特效的需求不强。但是某些重大主题的航拍短视频，如政宣任务、影视剧制作、纪录片性质的短视频，时长较长、视频素材丰富，而且对于画面质量及特效有较高的专业要求，这就需要采用专业后期特效与剪辑软件系统，如 AE 特效软件及 PS、LR 等图像处理软件，并借助大量的官方或第三方插件，实现更专业和精细化的画面风格调整。

除了熟练掌握后期剪辑软件之外，后期剪辑人员的岗位职责还应该包括以下方面。

（1）视频素材的整理及备份。视频素材不仅指特定项目的素材，还包括项目团队以往的视频素材及购买的商业视频素材。后期剪辑人员应做好素材整理归类和可靠备份。条理清晰的素材库管理有助于提高后期剪辑的效率。此外，对于视频后期特效和插件的搜集是一名合格的后期剪辑人员的日常工作内容，从某种意义而言，应用于特定后期剪辑软件的特效插件的质量和数量决定了后期剪辑的专业程度。

（2）通过"叙事节奏"和"画面特效"保障短视频的成片质量。"叙事节奏"要求后期剪辑具有清晰的逻辑叙事能力，或者逻辑思考能力，能够有序地将视频素材组织起来，讲好故事。"画面特效"指画面色彩、切换动画及其他视觉特效的运用，这要求后期剪辑具备一定审美。对于画面构图和色彩的审美，既有天赋的成分，又依靠日常大量"拉片"，后期剪辑人员应通过大量学习其他视频提升自己的美学素养。

（3）准确理解编导的创作意图。短视频的后期剪辑应尽量参与视频脚本的创意，熟悉分镜脚本的每个细节，通过二次创作准确实现脚本创意。这对于短视频的播放数据非常重要。

（4）对"AI+"视频剪辑保持密切关注。虽然在可预见的时间内，AI 完全取代人工后期剪辑不太可能，但 AI 工具的应用确实可以大大提升剪辑的工作效率。2024 年 4 月，Adobe 为专业视频编辑软件 Premiere Pro 引入全新生成式 AI 功能，通过智能选取和跟踪工具，用户可以轻松添加或移除、改变视频中的物体，如删去画面中的杂物、为演员更换服装、对视频内容进行删减或替换等，这些功能由其自研的 Firefly 视频模型提供支持。除了引入由自研大模型支持的一系列生成式 AI 功能外，Premiere Pro 还集成 OpenAI 的 Sora，以及 Runway 和 Pika 等第三方 AI 视频生成产品，进一步加强 AI 在视频后期剪辑中的应用。

分发运营

分发运营指短视频内容的发布及流量运营。其中，流量运营包括短视频的加热引流和流量的商业变现。对于商业化的航拍短视频团队而言，分发和运营的重要程度与优质的内容生产等同，是作品进行流量变现的关键，事关团队的"生死存亡"。而类似花城航拍这样的新闻传媒机构背景的团队，对于内容流量的商业化运营则显得保守一些。

总体而言，航拍短视频团队的分发运营是将成品短视频通过不同的视频平台进行发布，并做好流量与评论的管理工作，以获得良好的视频播放数据。从操作层面来看，分发运营的工作分为两个部分：分发和运营。前者针对的是短视频的内容，后者针对的是流量和商务的运营，如图1-5所示。

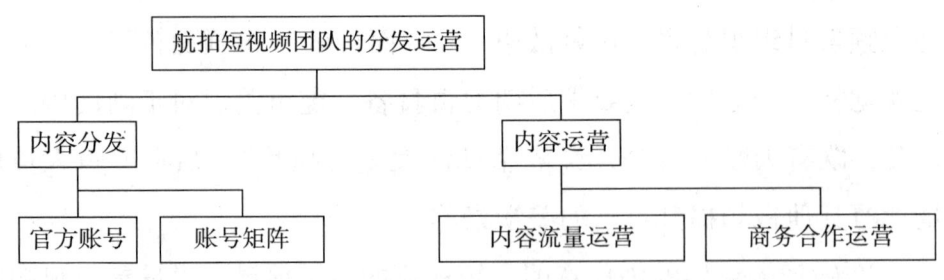

图1-5　航拍短视频团队的分发运营

具体而言，内容分发指将短视频作品分发到不同视频平台的账号，具体包括两种情况：一种情况是通过官方账号发布。账号的数量依平台数量而定，通常选择的典型平台有抖音、快手、微信视频号、微博、小红书等，如花城航拍主要运营的账号是微信视频号和抖音号，通常而言官方账号也是主力运营的账号。另一种情况是通过账号矩阵发布。这通常适用于电商短视频的发布。将短视频进行"切片",即剪辑成不同版本,通过账号矩阵进行同步发布,以测试哪一个版本的剧情创意或者商品能够出现"快速上升"的播放数据,借此找到能够产生流量的剧本模板,提升创作的效率。

除了分发以外,运营也非常重要。运营工作包括内容流量运营和商务合作运营,运营工作的本质是流量商业变现的运作。具体而言,内容流量运营是密切监控已经发布作品的播放数据,及时发现可能成为爆款的短视频内容创意,通过付费投流的方式加热短视频,让作品的播放数据更上一层楼,产生更大的流量效应,奠定流量变现的基础。简而言之,内容流量运营就是为账号主体"拉流量",打造账号IP。

商务合作运营可以分为两个方面:一方面是借助账号进行商业变现,如知识付费、素材销售、广告植入等,将账号流量转化成商业收益;另一方面是对外洽谈内容制作的商务合作,如政府、企业的短视频拍摄订单。以上商业合作虽然与账号流量并不直接相关,但账号的流量越大,团队的知名度和专业影响力越高,能够接到第三方商业拍摄项目的可能性越大,并且提供服务的议价能力也越强。

> **航拍短视频团队中的编导是什么角色?编导与导演有什么区别?**

人们通常认为导演决定了一部影视作品的质量。的确,对于一部网络中视频或网剧而言,导演是不可或缺的,是制作层面的总负责人。在确定选题、剧本和投资方之后,制片人牵头组建剧组、演职人员进组并在导演(团队)的调度之下按照计划完成作品的现场拍摄。但对于网络平台上发布的短视频作品而言,导演角色实际上被编导取代了,此时的编导就是"编剧+导演",既负责短视频的项目策划和拍摄计划(分镜脚本),又监督拍摄进度和把控质量。因此，编导是决定网络短视频出品质量的关键角色，尤其是能够创作爆款短视频脚本的编导，更属于短视频行业的稀缺人才。

不同类型的航拍短视频团队，编导的岗位构成也不相同，如花城航拍依托广州市广播电视台的人才储备，具有新闻生产机构的性质，会设置专门的编导岗位并在编制名额方面给予支持。在花城航拍16个人的编制中，编导就占据了11名，足够数量的编导便于及时应对突发的新闻报道或重大政宣报道任务。而对于行业中大部分的商业航拍短视频团队而言，编导的重要性似乎降低了，起码在人员配备方面是如此。在本书采访的商业航拍短视频团队中，大部分是个人（账号的创始人）承担了编导、飞手和后期剪辑的所有任务，这主要出于节省人力资源成本的考虑。当然，也有一些实力较强、岗位角色分工明确的航拍短视频团队设置了独立的编导岗位，如影航映画。但这家公司的编导和后期剪辑合二为一，总共十几人的团队，只配备了这一名"兼职"编导。

如前文所述，编导的"网感"决定短视频作品的网络传播力。然而"网感"这种偏向于主观感受的能力，如何有针对性地培养呢？只有通过项目实践，不断对账号的定位和剧本进行测试打磨，找到属于自己的流量密码，形成相对固定的拍摄模板。如图1-6所示，在行业实践中，短视频编导通常以7天为一个测试周期，评估人设和剧本的数据表现，以此决定是否优化人设或剧本内容。经过若干个7天周期的测试，最终形成能够有良好数据表现的剧本模板。稳定一段时间之后，为了保持新鲜感，编导需要再次进入新的7天周期测试，以确定新的吸引流量的剧本模板，如此往复。

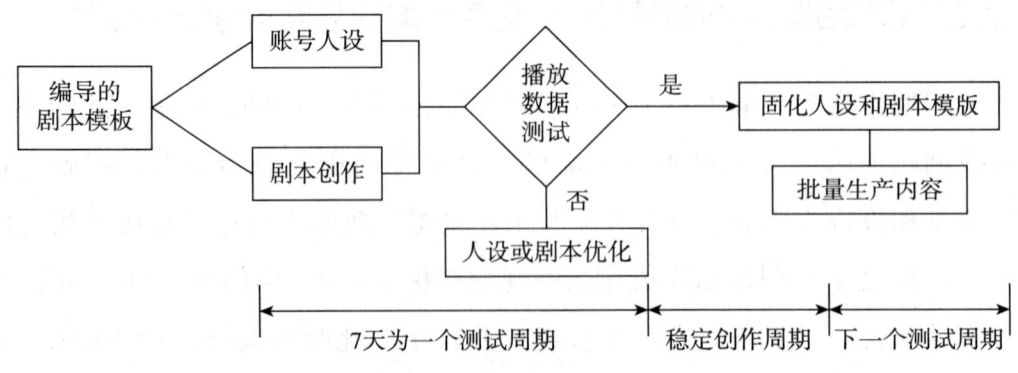

图1-6 航拍短视频编导的剧本模板测试

▶ AI 会在将来取代视频生产或后期剪辑吗？

2023 年 3 月 15 日，美国 OpenAI 公司发布 ChatGPT4.0，引发了人们对于 AI 应用的关注。AI 首次具备了逻辑推理能力，这是 AI 发展的里程碑事件。而在非创造性任务场景下，ChatGPT4.0 的效率是人类的 9 倍。2024 年 2 月 16 日，OpenAI 公司发布了首个文生视频 AI 应用 Sora，它能通过一段文字生成 60 秒视频，视频内在逻辑和画面效果可以以假乱真，如图 1-7 所示。

图 1-7　Sora 生成视频样片

当前，依据文本生成视频的 AI 工具仍聚焦于文本与视频内容的逻辑对照，即视频内容还原文本表述，距离真正准确高效生成具有实用性的视频内容，无论从 AI 硬件的算力提升还是软件算法迭代，仍有巨大的技术鸿沟需要跨越。因此，AI 工具暂时无法取代以人脑为基础的视频生产，进而取代相关的岗位。

基于目前的 AI 技术水平，借助 AI 工具原创生成视频虽然力有未逮，但 AI 辅助视频后期剪辑和特效处理倒是值得期待。如前文提到的 Premiere Pro 通过原生大模型 Firefly 置入了许多 AI 应用：加快转录、编辑、调色、音效、语音转字幕，以及背景降噪、自动色彩校正、自动场景剪辑、自动回避和自动重新构图等。这些内置的 AI 应用可以让后期剪辑人员提升工作效率。这对于讲究快速出片的短视频制作而言，重要性不言而喻。其他国外的 AI 视频生成和剪辑工具还有 Synthesia、Lumen5、Flexclip、Veed.io 和 Elai 等。这些工具各具特色，可以满足用户的不同需求，有效提升视频生产的效率。

国内对于AI的探索和应用也呈现明显的加速迹象。近年来，随着AI算力的提升和应用场景的日渐明晰，国产AI辅助视频剪辑软件也如雨后春笋般出现，如腾讯智影。这是一款云端智能视频创作工具，它集成素材搜集、视频剪辑、文本配音、数字人播报、自动字幕识别、渲染导出和发布等功能，支持用户进行高效的视频后期制作。类似的功能，也体现在剪映这款社交媒体用户常用的视频剪辑软件中。最新版的剪映可以提供AI自动生成脚本、文字成片及AI数字人等人工智能深度应用的功能，更不用说智能字幕、配音及转场等常用的视频后期剪辑功能。

既然如此，以AI为驱动的智能剪辑能否取代人工剪辑，进而降低短视频团队的人工成本呢？从花城航拍及本书采访的其他商业航拍短视频团队的情况来看，AI剪辑的应用比较少，后期剪辑的主力依然是人，且基本上未在后期剪辑中应用AI工具，这可能与传统剪辑人员学习和适应AI工具，以及AI剪辑在理解人的意图方面不够成熟有关。AI也许在生成视频方面仍有很长的路要走，但随着技术进步和算力升级，它在提升视频后期剪辑和特效处理效率方面的应用是值得期待的。

▶ 从团队角色分工的视角，分发运营是爆款短视频产生的关键吗？

一般而言，航拍短视频团队的核心是技术型人才，如编导和飞手，这二者直接决定了短视频的作品质量。但质量好的短视频并不一定能在网络平台上有很好的数据表现，如点击率、完播率、评论、点赞、转发和收藏数量。

实际上，爆款短视频的产生主要有两个方面的因素：一方面是短视频具有极佳的剧本创意，契合社会热点，能够最大限度利用短视频平台的自然流量，获得良好的播放数据；另一方面是分发与运营需要发力，其中最常用的就是通过付费投流加热短视频，给予短视频更大的流量展现。视频的商业性越强，付费投流加热短视频的可能性就越大。图1-8展示了短视频分发与运营的工作内容。

关于短视频的分发，区分标准是是否做切片处理。短视频切片指将短视频通过剪辑形成多个版本。这需要在短视频创作中提前考虑，拍摄足够的素材用于不同版本的剪辑，之后通过单一平台的多账号或多个平台多账号进行发布。如果没有做切片处理，短视频的分发就变得简单了，可通过单一平台单账号或多个平台的官方账号进行发布。

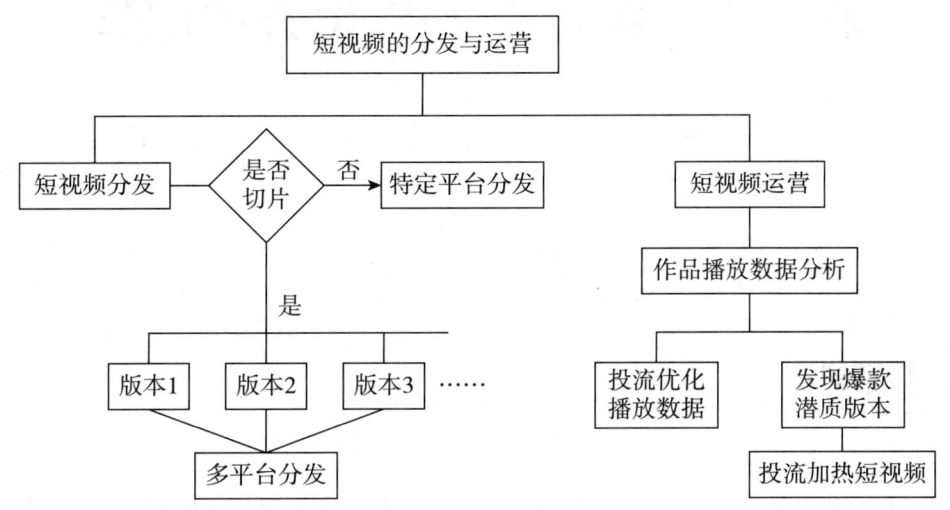

图 1-8　短视频的分发与运营

一方面，短视频切片处理降低了生产的成本，一次拍摄切出多个版本，规避了内容雷同导致的平台限流，同时可以将短视频内容的传播效果最大化；另一方面，短视频切片通常用于"测试"，通过多个版本的发布，测试哪一个版本能够产生最佳的播放数据。短视频切片处理大多被电商短视频机构所使用，通常用于商品的介绍、短视频带货以及主播 IP 打造。而本书中花城航拍以及其他接受采访的航拍短视频制作机构并没有对航拍短视频进行切片处理，这与其主要运营单一的官方账号，没有采用账号矩阵式的内容分发有关。

实际上，短视频的运营逻辑很简单，或通过投流操作优化作品的播放数据，如评论、点赞、转发和收藏数量；或将测试出的具有爆款潜质的短视频进行加热。这二者本质上都是付费给平台以获得更大的流量推荐，增加作品的曝光度，区别在于：前者针对的是既定的短视频作品，无论这个作品是否有爆款潜质，强行优化播放数据；后者针对的是精心挑选的视频版本，通常用于视频切片情况下的多版本视频和多平台、多账号同时发布。

第二章 航拍无人机设备的配置

基础知识

我国是无人机研发和生产大国,民用无人机的产品线和应用场景非常丰富。无人机已经广泛融入我们的日常生活和工作当中,在摄影、农业、建筑等多个领域发挥着越来越重要的作用。其中,民用航拍无人机成为无人机应用的典型代表,自 2017 年起迎来了行业大爆发。面对众多的航拍无人机,如何为一个航拍短视频团队选择合适的品牌和机型,以达到满足使用目的基础上的最佳性价比?这是本章探讨的核心问题。

总体而言,根据拍摄题材的不同,航拍无人机设备的配置方案也不尽相同,专业的电影航拍设备与短视频航拍设备在性能、体积和价格等方面存在很大的差异。

案例展示

花城航拍的人员及设备配置

花城航拍配备了 2 名执照飞手:杨溥舜和陈乐,航拍无人机设备配置相对简单，选择的是大疆的 Mavic 系列和 Inspire 系列。前者是完成日常拍摄任务的主力，后者用于更加专业的拍摄场景。如果需要调用更多的飞手和设备，则通过飞手联盟（在广州市委宣传部的指导下，由广州市广播电视台发起成立的广州地区的飞手组织）获得支持。

以制作网络短视频为主的航拍团队应如何配置无人机航拍设备呢？为此，本书特地采访了飞手杨溥舜。作为一名具有丰富短视频项目实操经验的资深飞手以及花城航拍的初创队员，杨溥舜从航拍无人机的设备参数角度，融合航拍短视频项目组建和发展的思考，为航拍无人机的选择阐明了如下原则，如图 2-1 所示。

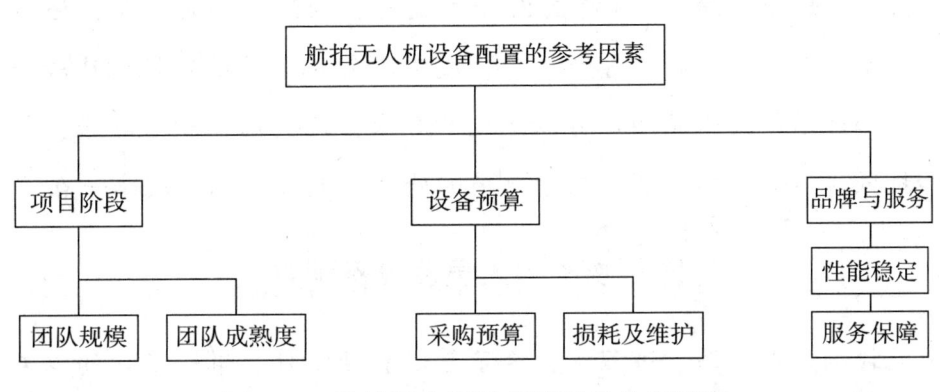

图 2-1　航拍无人机设备配置的参考因素

首先，项目阶段的参考因素指航拍项目的团队规模和团队成熟度。团队规模决定了航拍无人机设备的配置数量，而团队成熟度决定了航拍无人机设备的档次。成熟度越高的团队，对于航拍无人机设备专业度的要求越高，设备价格自然越高。总的来说，航拍无人机设备采购成本是团队组建成本的主要组成，直接影响团队的运营风险。因此，航拍无人机设备的配置，一定要根据项目所处阶段理性决策，满足基本需求即可，不可贪大求全，盲目配置高端的航拍无人机设备。

其次，设备采购预算充足就选择高端的航拍无人机设备或者增加采购数量，反之则配置一些非主流品牌的无人机或者低端型号。但很多团队容易忽略两个问题：设备损耗和使用效率。花城航拍的飞手杨溥舜对此有自己的理解:"航拍本身就是一件充满未知风险的事情。从某种意义而言,航拍无人机是一种易耗品。在设备的使用过程中,各种人为或非人为因素导致设备的损坏和丢失,都会增加设备的采购预算。因此,选购满足需求、最具性价比的无人机才是合理的。另外,价格高昂的高端航拍无人机会因为使用率过低而导致设备折旧损耗的增加。电子设备的更新换代速度很快,这也是我们选择'够用即可'设备的原因。"

最后,品牌与服务对于航拍无人机设备的选购非常重要,大品牌的无人机产品在品控、飞控与图像算法、售后服务等方面具有优势,可以有效降低设备的综合使用成本。根据对花城航拍及其他航拍短视频团队的访谈,这些团队的首选品牌是大疆。"目前国内外主流的航拍设备都是大疆,还有一些如道通、哈博森等。大疆不管是机身、成像还是App的稳定性都比较好。其他品牌,如道通最大限高距离可以达到800米,比大疆高出300米,但是稳定性和抗风性不如大疆。还有对于画质的处理,大疆会相对成熟一点。"

影航映画的人员及设备配置

影航映画是本书写作过程中,除了花城航拍以外,唯一采访的以专业航拍进入商业市场的公司,而非航拍短视频行业中普遍存在的"个体户"。因此,影航映画对于非新闻机构的航拍团队而言具有一定的参考价值。

影航映画的团队规模与花城航拍类似,不同的是影航映画的主要人员构成是飞手。公司拥有18名飞手,包括航拍无人机飞手和穿越机(FPV)飞手,其他人员配置为2名后期剪辑、4名穿越机(FPV)设计师兼飞手。人数不少的自营飞手是影航映画的核心竞争力,这当然也与影航映画的专业定位及在广州航拍市场居于领先的竞争地位有关。"我选择专业航拍缘于三代珠江电影制片厂的家族传承",影航映画的创始人林洋这样说,"最开始的业务是广告片拍摄,随着传统广告行业的逐渐没落,我开始将公司的业务聚焦在专业级影视航拍方面。少就是多,为此我组建了广州为数不多的专业飞手团队,为之配备了专业的航拍机和穿越机,并且专门注册公司,拥有了穿越机生产和销售的资质,为其他航拍机构甚至影视剧组定制穿越机,如《飞驰人生2》里面的穿越机画面就是由影航映画穿越机设计师沈畅畅设计的 X8 大型穿越机创作而成的，为电影的叫好叫座贡献了力量。"

此外，林洋对于公司飞手的管理方式也令人印象深刻。飞手入职就由公司付费参加超视距机长等级考试，考试通过后可以自行保管航拍设备，平时也无须打卡上班，有拍摄任务的时候直接赶往现场，拥有较大的自由度和轻松的创作氛围。不仅如此，影航映画的编导是由公司的后期剪辑担任的。这样的岗位设置有助于提升后期剪辑的效率。毕竟后期剪辑本身就是剧本内容的创作者，能够通过剪辑的二次创作获得剧本创意的最佳效果。

案例解读

从资金投入来看，航拍无人机设备选购成本是项目运作的主要成本之一。然而，航拍无人机的品牌和型号林林总总，拍摄场景和需求千差万别，选择航拍无人机需要遵循哪些原则呢？花城航拍和影航映画的案例为我们提供了客观参考。

花城航拍作为广州市广播电视台的内部团队，根据团队规模、拍摄场景及服务于短视频创作等因素，采购了大疆公司 Mavic 系列和 Inspire 系列无人机，其中 Mavic 系列负责日常拍摄，可以更换镜头的 Inspire 系列则用于对拍摄有更高要求的场景。这种高低搭配的配置充分践行了够用即可的原则。

市场上商业化的航拍团队，如影航映画团队，由于拍摄场景的复杂性和专业性要求，对于航拍设备的选择更加多样化，从低端到高端无人机都会考虑配置。以大疆为例，AIR3 系列可以满足专业入门级的使用需求，Mavic 系列可以满足绝大多数专业航拍场景的需求，而更高级别的 Inspire 系列和禅思系列已经超出了短视频制作的需求，通常用于专业影视制作中的航拍。

还有一种航拍设备——定制型穿越机（FPV），花城航拍出于飞行安全的考虑及常见拍摄场景的需求，并没有配置此类设备；影航映画因为拥有相关的设计和生产资质，不仅配置了穿越机，而且本身也是穿越机的设计制造方，对于穿越机的运用更加游刃有余。

此外，不同的场景需要的无人机设备的类型也不同。例如，满足短视频需求的航拍无人机服务于2分钟，甚至是15~20秒的内容创作，且多数主流短视频平台对于视频的画质分辨率要求为1080P。因此，用于短视频创作的航拍无人机设备性能参数够用即可。如果面对更加多样化的拍摄场景及更加专业的拍摄需求，航拍团队在设备的配置上就需要更多的投入。例如，影航映画的专业航拍设备可以满足8K超高清分辨率，甚至为穿越机配置了ARRI、KOMODO等电影机及配属镜头，以便提供顶级的航拍画质。这种级别的团队和设备配置满足的不仅是社交平台几十秒时长的拍摄需求。图2-2展示了无人机航拍团队的成本构成。

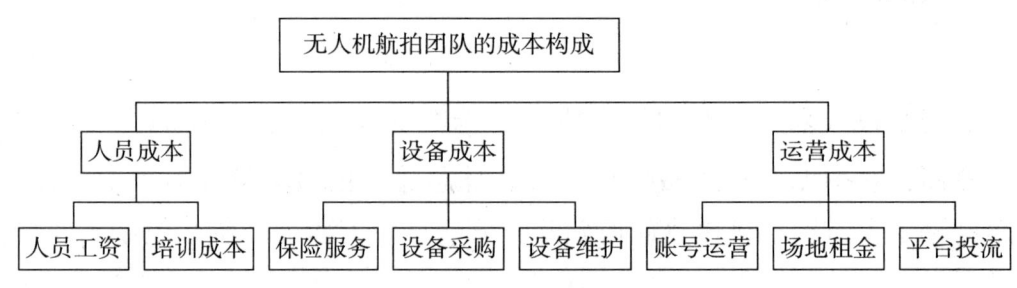

图2-2　无人机航拍团队的成本构成

如图2-2所示，以短视频为生产内容的项目投入，最大的成本是运营成本，占比50%，包括账号运营、场地租金和平台投流的投入。这些是短视频内容产出利润的关键。设备成本占据了30%的比例，而且大部分是一次性投入，日常投入仅限于保险服务和设备维护。从项目后期运营投入来看，更多的资金将用于内容团队的扩张，如编导和分发运营岗位的扩张。此阶段的人员成本占比将从20%扩大至40%左右，人员成本除工资外还包括培训成本，如飞手和剪辑岗位的培训。

需要说明的是，以上是项目初创期的成本构成，并非日常运营的成本构成。设备采购和维护的成本基本上可以看作一次性的投入，除非项目团队扩张或发生了无人机设备的损耗，需要补充新的设备，才会产生新的设备采购的成本支出。

关于航拍无人机设备的选择，本书以市场上应用范围最广的大疆无人机为例，如图 2-3 所示，综合考量，选择价位在 8000~12 000 元的无人机设备比较合适，如 DJI Air 或者 Mini、Phantom 系列产品，这也是很多规模较小的航拍短视频团队选择的主要机型，可以满足绝大部分商业航拍的需求，其视频素材也可以满足基本商业素材的标准，性价比较高。如果预算相对充足，并且有成熟和专业的航拍团队，可以考虑升级为大疆的 Mavic 系列产品。这种设备配置无论是飞行性能，还是图像传感器、素材画质都完全满足专业化的航拍需求。更高档次的航拍无人机，大疆有 Inspire 系列等，通过更换镜头可以实现更加丰富的拍摄焦段，适用于电影或广电级的专业拍摄场景。针对服务于短视频制作的航拍场景，此等级的航拍设备不在选择范围之内。

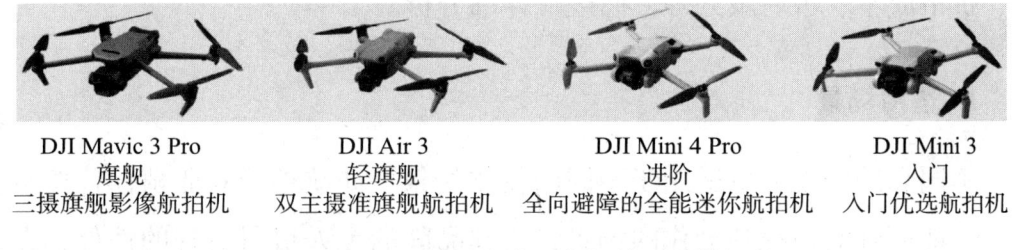

DJI Mavic 3 Pro　　　　DJI Air 3　　　　DJI Mini 4 Pro　　　　DJI Mini 3
旗舰　　　　　　　　　轻旗舰　　　　　　　进阶　　　　　　　　　入门
三摄旗舰影像航拍机　双主摄准旗舰航拍机　全向避障的全能迷你航拍机　入门优选航拍机

图 2-3　大疆航拍无人机的型号[①]

除了大疆无人机以外，从短视频的拍摄需求来看，民用航拍无人机品牌还有道通智能，其系列产品也是不错的选择，如 EVO Nano、Lite 和 EVO 2 系列，与大疆同等型号的产品相比具有一定的价格优势。

总结来看，航拍无人机设备投入的前提是确定视频内容生产类型。短视频内容生产的航拍无人机设备的配置应当遵循够用即可的原则，把资金预算的重点放在内容策划编导和成片的运营方面，追求短视频流量的商业变现。技术服务于内容，短视频内容的创作和运营才是核心。

---

① 无人机图片和价格资料来自大疆官网。

 **应知应会**

▌从航拍无人机的品牌和技术角度，如何选择合适的航拍设备？

选择服务于民用市场的航拍无人机，核心原则首先是性能稳定，能够适应不同的拍摄场景，操控稳定，图像处理能力强大，能够可靠出片。其次是性价比高，能够满足航拍短视频团队的设备采购和维护的低成本需求。为此，应从适用场景、品牌知名度、性能参数、功能多样性、易用性、安全性、价格成本、售后服务等方面进行详细分析。

1. 适用场景

不同品牌的无人机适用于不同的使用场景，如航拍、农业植保、搜索救援等。即便针对短视频创作的场景，不同品牌的无人机所展现的性能，尤其是视频的画质及稳定算法方面也存在显著的差异，我们应根据实际需求选择适用于相应场景的品牌，以提高设备使用的针对性和综合性价比。

2. 品牌知名度

在确定了无人机的使用场景之后，选择产品的重要依据是品牌的知名度。无人机品牌的知名度意味着行业地位、市场占有率，这决定了产品的质量保证和售后服务的水平。例如，大疆、道通、亿航、哈博森、派诺特等品牌在国内外的知名度较高，在民用航拍机领域几乎是大疆一统天下。

此外，航拍设备的品牌知名度也能增强客户信心，凸显团队的专业性，甚至有些客户在洽谈合作的时候，还会对拍摄设备有要求，以确保团队拍摄的专业度。

3. 性能参数

航拍无人机的性能参数决定了其"好不好用",即能否应对特定的航拍场景。航拍无人机的飞行性能参数主要包括最快飞行速度、最长飞行距离、稳定图传距离、飞行高度、电池寿命等;拍摄性能参数主要是无人机的镜头参数,如传感器尺寸和分辨率、焦段、最大光圈等;此外还有视频影像的处理性能参数。这些参数都体现在不同产品系列的详细说明中,我们只需要根据拍摄场景的需求进行选择即可。

关于航拍无人机的性能参数,应遵循够用即可的原则,没有必要为普通的拍摄场景配置高参数的高端航拍设备。尤其是对于发布于社交平台的航拍短视频而言,内容创意和流量运营是首要因素,过于高端的设备无益于短视频的流量效果,只会徒增成本。

4. 功能多样性

航拍无人机的功能多样性也是选择品牌的重要考虑因素之一。不同的无人机品牌可能具备不同的特色功能,借此凸显品牌的差异化,但基本通用的功能配置大致相同,如智能避障、智能跟随、手势控制、实时传输、软件远程升级(OTA)等。

对于航拍无人机的多样性功能,普通用户比较少运用,除了实时传输和智能避障及自动回航以外,更多还是依靠飞控经验完成短视频拍摄。

5. 易用性

对于初学者来说,无人机的易用性同样是选择品牌的重要依据。易用性包括三个方面:飞行的操控易于上手、设备的维护简单、视频拍摄如不同焦段切换及图像传输、处理等可靠方便。此外,易用性还体现在品牌的售后保障方面,可以降低无人机意外损耗导致的经济损失。

6. 安全性

航拍无人机在使用过程中可能会遇到各种突发情况，除了产品本身的质量问题之外，主要是航拍环境的不确定性，如大风、雨雪、复杂障碍物及无线电干扰等。这些都有可能导致飞行不稳定甚至飞行失控，造成设备损失。实际上，考验航拍无人机技术实力的也正是在以上情况下的飞行安全性，这源自品牌的技术积累和研发投入。本书访谈的航拍短视频团队普遍采用大疆设备的首要原因也在于其飞行控制的稳定性，其次才是视觉影像的处理技术。

航拍无人机还有一个类型：穿越机（FPV）。穿越机（FPV）的结构与飞行特点决定了其具有体积小、高度灵活等特征，在飞行风险上需要特别关注潜在的撞击问题。类似于花城航拍这样的专业新闻生产机构是不允许使用穿越机（FPV）拍摄的，原因在于高速灵活的飞行带来的碰撞风险。

7. 价格成本

考量价格成本，就是考量设备的性价比问题。对于科技产品而言，价格高的产品在性能和保障方面具有明显的优势。但从航拍短视频团队运作的经济层面来看，航拍无人机设备的采购和使用维护必须考虑性价比，即不仅考虑设备主体的采购，还应考虑航拍无人机的周边配套产品、维修配件及售后服务包的采购。这些"额外设备"能够在确保无人机性能和功能正常的同时降低使用成本。

8. 售后服务

航拍无人机的售后服务也是选择品牌的重要参考。完善的售后服务能够解决用户在使用过程中遇到的问题，解决设备使用的后顾之忧，增加设备的生产效率，或者通过系统升级为用户提供更好的产品性能和使用体验。即便无人机在使用过程中出现了问题或损坏，也可以通过售后服务包的赔偿或置换条款降低设备维修或损耗的经济成本。

从拍摄场景匹配的角度，如何选择航拍无人机设备？

从技术层面来看，航拍无人机的使用场景在很大程度上已经决定了需要配置的产品型号。表 2-1 总结了不同的拍摄场景适配的航拍无人机的特征，根据输出视频类型、拍摄场景或使用者，给出了航拍无人机的主要参数及产品价格范围。

表 2-1 拍摄场景与航拍无人机配置

视频类型	拍摄场景或使用者	航拍无人机主要参数	价格范围
短视频 时长<7 分钟	旅游场景、日常生活记录场景（vlog），个人航拍爱好者	入门级无人机、轻巧灵便、2.1K 或 4K/30fps、最远 10km、720p/30fps 图传	5000 元以内
短视频 时长<7 分钟	新闻媒体机构、自媒体创业者、教育机构、MCN 机构或短视频创业团队等	主流无人机、轻巧灵便、4K/60fps、4K/100fps 慢动作、最远 20km、1080p/60fps 图传	5000~14 000 元
中视频 7 分钟≤时长<20 分钟	MCN 机构、新闻媒体机构、教育机构、短视频或网络电影生产机构等	次旗舰航拍无人机、4K/60fps、4K/100fps 慢动作、最远 20km、1080p/60fps 图传、全向避障、6km 最高起飞海拔	14 000~50 000 元
长视频 20 分钟≤时长	专业网络电影生产、院线电影生产、纪录片拍摄等高品质拍摄场景	专业级旗舰航拍无人机、6K 或 8K 全画幅专业航拍无人机、14+ 高动态范围、可变光圈、全向避障	50 000~10 0000 元

注：表中所列举的无人机主要参数并非针对特定品牌，参数指标仅供参考。

实际上，即便 5G 网络普及以及智能手机性能提升，"小屏幕"手机的视频播放分辨率的主流标准依然是 1080p，这是综合了画面清晰度和播放流畅度之后的最佳平衡。因此，入门级的航拍无人机也完全可以满足网络短视频创作的需求。

航拍无人机与穿越机（FPV）之间有什么差异？

穿越机（FPV）拥有第一视角的操控界面，大多有固定飞行翼面，重量轻、体积小，飞行动作高度灵活，使用者需要佩戴头盔。普通航拍无人机与穿越机的详细区别，体现在以下方面。

第一，使用场景：航拍无人机的使用场景更加多元化，如影视拍摄、农业和环境监测等，甚至可用于物品运输；而穿越机则主要适用于竞赛、搭载摄像机进行动态跟拍等高速、远距离的使用场景，用途相对单一。从视频拍摄的角度，穿越机因其高速灵活的特点，对于飞行场地和飞行安全的要求较高，适用的广泛性不如航拍无人机。

第二，控制方式：航拍无人机一般采用 GPS、遥控器、手机 App 等控制方式，并且操控方式非常智能；而穿越机一般采用遥控器和 FPV 图像传输设备作为控制方式，飞手通过全手动方式操控穿越机在高速飞行中实时调整飞行姿态，这对于飞手的操控技能和空间感知要求比较高。

第三，设计特点：航拍无人机通常具有四个或六个轴，且具有稳定性强、悬停性好、控制精准等特点；而穿越机是一种飞行速度快、敏捷性好、不易被干扰的飞行器，通常采用的是固定翼设计。这是二者在外观上的最大区别。

第四，核心原理：航拍无人机主要是利用无线电遥控设备和自备的程序控制装置操纵的不载人飞行器，核心原理主要是无线电遥控、自备的程序控制或车载计算机自主操作；穿越机则是高竞速、续航时间较短的小型无人机，核心原理主要是飞机动力部分的电调和电机、飞控的 CPU 计算等。

第五，续航时间：航拍无人机的续航时间通常是 30~45 分钟，具体取决于电池的容量和飞行路线的综合情况；而穿越机的基础续航时间通常约为 5 分钟，甚至室内圈机的续航时间仅为 3 分钟。

从短视频拍摄的需求角度，普通的航拍无人机和穿越机都是可以采用的设备。穿越机高速灵活的飞行轨迹会带来更加震撼的视觉效果，但蕴含了较大的飞行风险。因此，大部分的场景还是选择普通的航拍无人机拍摄，速度控制更加从容，安全系数也更高一些，且续航时间是穿越机的 6~9 倍，摄取素材更加从容。

最后需要说明的是，可以购买各个品牌的成熟穿越机（FPV），也可以

"按需定制",通过具有穿越机设计和制作资质的公司个性化地定制穿越机。这也是穿越机与航拍无人机在设备获取方面的显著差异。

▶ 航拍无人机的必需配件有哪些?为什么无人机品牌的售后服务很重要?

航拍无人机主要的工作场景是户外,很多户外拍摄场景远离城市,因此为无人机配备一些附件非常必要。首要的配件是存储卡,通常选择 Micro SD 卡,也就是我们所说的 TF 卡。这种存储卡体积小、重量轻,非常适合航拍无人机这种对重量和体积有一定要求的设备。关于存储卡的容量,通常选择 64G 以上的存储空间,以便容纳更长的拍摄时间和高质量的视频素材。

此外,由于航拍过程中需要录制高质量的视频,这就对存储卡的写入速度提出了较高要求。如果写入速度不够快,可能导致卡顿、丢帧等问题,从而影响拍摄效果。通常建议选择 UHS-I 标准的存储卡,其写入速度一般不低于 60MB/s。对于更高质量的视频录制,如 4K 视频录制,可能需要选择 UHS-II 或更高标准的存储卡,其写入速度可以达到 150MB/s 甚至更高。除了写入速度,读取速度也很重要,快速的读取速度可以确保流畅回放或传输航拍视频,提高工作效率。需要注意的是,不同品牌和型号的存储卡读写速度可能会有差异,因此在购买时应仔细查看产品说明,选择符合航拍需求的存储卡。

除了合适的存储卡以外,航拍无人机最为常用的配件还有三种,主要针对无人机的续航电池和航拍画面实时监控。下面以大疆无人机为例进行说明,如图 2-4 所示。

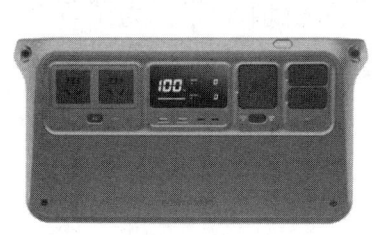  

图 2-4 航拍无人机的配件①

---

① 产品图片来自大疆官网。

图 2-4 所示的航拍无人机的配件，从左至右分别是户外快充电源、带显示屏的遥控器和电池盒。户外快充电源拥有较大的电池容量，通常为 500 或者 1000 毫安时，便于为户外拍摄的各种设备补充电量。电池盒用于收纳无人机电池，同时为电池补充电量，增加无人机的户外勤务时间。以上两个配件均用于为设备补充电量。通常的民用航拍无人机的电池续航时间为 30~45 分钟，拍摄现场的情况有可能导致电池的续航时间不足，这个时候户外快充电源就派上用场了。带显示屏的遥控器可以充分发挥无人机远距离图像传输的功能，第一时间获得无人机拍摄的画面素材，并灵活调整飞行路线的细节，提高航拍的成功率。

其他的无人机配件，如可更换的镜头、滤镜、增广镜、传输增强套件等，通常用于更加专业的拍摄场景，如网络电影、大电影或专业纪录片等，对于大多数航拍短视频创作而言必要性不强，反而会增加设备配置的成本。

此外，在选择航拍无人机的时候，除了根据拍摄场景选择相应的机型以外，还需要重点评估无人机品牌的售后服务，如售后服务的响应时间、售后维修的效率、软件在线升级、售后技术人员的专业度、退换货服务、服务网点的覆盖范围等。从航拍无人机正常使用的角度，在所有售后服务的项目中，最重要的是完善的保险服务，如大疆的 DJI Care，可以提供随心换和一系列增值服务，具体包括额度内不限次数的免费维修、免费更换一定数量（如 4 块）的原装电池、年度额度（如 1 次/年）的免费原厂保养、一定额度（如 2 次/年）飞丢购机折扣和一定数额三者险等。这些需要额外付费的增值服务可以大大降低产品使用的风险和成本。

航拍活动本身就是充满风险的，加之航拍设备通常价值不菲，为了保障日常拍摄的顺利实施，减少不必要的设备风险和损耗，为航拍无人机配置必要的支援设备以及购买品牌方的保险服务非常重要。

第三章 无人机航拍短视频项目策划

基础知识

凡事预则立,不预则废。生产爆款短视频,项目的策划至关重要。短视频项目流程首先是选题和脚本策划,其次才是拍摄与后期特效剪辑,最后是内容流量运营。影响爆款短视频生产的要素及其影响力如表 3-1 所示。

表 3-1 影响爆款短视频生产的要素及其影响力

要素	影响力	说明
选题和脚本策划	★★★★★★★★	选题和脚本具有"网感"非常关键
选题和脚本拍摄	★★★★	网络短视频对拍摄技巧的要求不高
后期特效剪辑	★★★★★	恰如其分的音乐和特效,有画龙点睛的效果
内容流量运营	★★★★★★★	账号矩阵分发和投流运营很关键

从表 3-1 可以看到,选题和脚本策划对于短视频的影响是排在首位的,精准的选题和具有"网感"的内容脚本是产出爆款短视频的关键。相对于传统短视频,航拍短视频的策划在难度上又有提升。一方面,飞行计划审批对选题有影响,有些短视频项目的选题因为航拍飞行计划的审批问题而被迫取消或改变;另一方面,即便通过了审批,在飞行中也有可能受到天气或现场飞行条件的影响,没有拍摄到理想的视频画面,最终影响成片的输出。

此外,短视频项目的"商业属性含量"也会对项目策划产生直接的影响。商业类的航拍短视频项目策划看重短视频的流量效应，如在选题方面，对于抓热点更加敏感；在拍摄方面突出航拍镜头的炫技成分，通过震撼的视觉效果吸引流量。当然，商业航拍短视频过于追求内容的流量效应，也会导致项目策划普遍缺乏内涵深度，"耐看性"不强。而非商业性的航拍短视频项目策划的立足点是完成专业新闻机构的报道任务，并通过官方自媒体账号的发布获取最大化的传播效果，新闻性和社会公益性是项目策划的两大抓手，内容流量的商业变现不是首要考虑的因素。

本章将对非商业性和商业性航拍短视频案例进行对比分析，深度解析不同类型航拍短视频项目策划思路的异同。

案例展示

花城航拍：《潮起珠江，广交世界》

2023年10月15日—11月4日，第134届中国国际进出口商品交易会（广交会）在广州如期举办。这是广州经济社会层面的国际性大事件。对于新闻机构花城航拍来说，这属于短视频内容生产的"必答题"，可直接省略选题过程，进入视频脚本的策划环节。

花城航拍的编导们在输出脚本创意和分镜脚本之前，首先从这次项目的目标与定位入手，分析短视频表达的关键信息，具体如下。

（1）第134届广交会的短视频制作是一次广州重大经济活动的报道，并且是带有国际影响力的新闻事件报道，因此片子的基础调性应当是权威和严肃的，体现广交会悠久历史的厚重感以及国际视野。

（2）观众从第134届广交会的数字中可以体会到广州作为千年商都的历史厚重感。广交会见证了广州改革开放以来的经济发展历程，是广州现代经济发展的动力之源，也是广州繁荣现代城市风貌的动力之源。因此，这则作品需要将广交会的历史与广州璀璨的现代城市风貌穿插对比，诠释广州经济发展与城市建设的因果关系。

（3）虽然这则作品是权威的官方活动报道，但考虑到在短视频社交平台传播，需要遵循网络短视频的创作原则，如"黄金3秒"的开篇，在严肃主题中采用轻松有趣的表达方式，发挥创意的高吸引力。这就要求花城航拍的编导们发挥"螺壳里做道场"的创新精神，展现一场新鲜灵动的重大社会新闻的权威报道。

从视频策划的角度来看，第134届广交会主题的短视频自带热度，加之花城航拍官方媒体的背景，在恰当的时机发布容易获取流量。但是，官方媒体的严肃视角在以娱乐为主的短视频社交平台显得比较另类，而且这类重大经济活动的短视频时长在1分钟以上，与大多数商业短视频15~30秒时长相比较，作品的完播率不具有优势，进而影响平台内容算法对作品的曝光。

图3-1展示了这则短视频作品的关键场景，读者也可以通过微信扫描下方的二维码，完整观看作品。

扫码观看完整案例视频

图3-1　花城航拍：《潮起珠江，广交世界》

花城航拍的编导精心设计了以下三个元素的融合：第134届广交会的开幕和现场、广交会悠久的历史传承、广州城市的现代风貌。这样的融合表达，紧紧围绕着广州作为湾区国家级核心城市的商业积淀与现代活力，充分挖掘了广交会的历史演进与广州现代城市发展之间的关系。这样的处理方式既完成了报道第134届广交会的新闻任务，又为观众挖掘和展示了广交会的历史，通过航拍镜头为观众奉献了一部包含广州城市地标的现代城市风光片。

此外，这部作品在具体的创意表达方面，充分运用了后期特效的二次创作手段，有两点令人印象深刻。

首先是广交会展馆的视觉呈现。从新闻报道角度来看，这是新闻发生地，必然要出现在镜头当中，但如何将其拍出新意，从短视频的一开始就吸引观众的注意力，对于脚本策划是一个挑战。位于广州市海珠区琶洲的广交会展馆，建筑规模宏大，建筑造型充满了线条的韵律感。花城航拍的编导与飞手、后期剪辑依据"潮起珠江，广交世界"的主题，经过几轮的头脑风暴，终于找到了视觉表达创意的灵感：将琶洲展馆的建筑造型与钢琴按键结合，把建筑的亮灯切换与背景音乐的节奏结合，配合手指点击的特效，用手指逐个点亮琶洲广交会展馆，令人耳目一新（图3-2）。

图3-2　第134届广交会短视频片段

其次是广交会悠久历史的视觉展示。广交会作为广州这座千年商都的历史传承载体，如今来到了第134届。如何表达广交会的悠久历史演变？花城航拍的编导们从广交会的logo中获得了灵感。广交会的logo是一个花瓣的形状——广州市花红棉花，通过手指拨动花瓣实现时光转轮的动画效果，寓意钟表指针转动的时光倒流，这在视觉的表达上为广交会悠久历史的传承增添了些许俏皮和灵动，增加了视频的趣味性（图3-3）。

图 3-3　广交会历史传承的创意表达

除了以上两个关键的视觉创意以外，花城航拍的编导们在视频常见的转场特效方面也融入了巧思：将中国传统文化的视觉符号与视频作品的不同主题场景切换结合起来，在视频结尾的画面转场中运用传统折扇的视觉效果完成了画面的切换（图3-4）。

图 3-4　《潮起珠江，广交世界》中的转场设计

潮起珠江，广交世界。花城航拍团队用整整三天时间策划与打磨这一60秒的视频，这对于擅长"出急活儿"的花城航拍团队而言已经是不同寻常的了。从成片来看，无论是创意形式还是内容丰富度，这则作品都达到了上乘水准，而且获得了新闻机构官方账号发布的报道类短视频中不错的播放数据。

隆视觉：广州塔夜景

隆视觉本名梁兴隆，广州知名的航拍自媒体人，自2017年开始做视觉设计工作，2020年开始接触无人机航拍，擅长城市风光、自然人文景观的航拍题材。隆视觉于2023年5月成为广州市广播电视台发起的飞手联盟的创始会员，也是粤港澳大湾区航拍联盟成员。隆视觉的主账号是抖音号和视频号。截至2024年4月，隆视觉抖音号粉丝37万，视频号粉丝8.4万。拥有这样数据的账号在广州城市风光航拍领域属于头部自媒体账号。

图3-5展示的是隆视觉的成名之作，航拍广州城市地标广州塔夜景。这也是众多航拍广州塔作品中比较早的一个。作品航拍展示了广州塔及其附近广州中轴线CBD摩天大楼的夜景，视觉效果震撼，充分展现了航拍画面的视角优势。截至2024年5月，本作品点赞量10.3万、评论量1.4万、收藏量3009、转发量7419。

扫码观看完整案例视频

图3-5　隆视觉：广州塔夜景

谈到该作品的策划思路，梁兴隆在接受采访时这样说："看到国内其他城市的航拍夜景，作为新广州人，我认为自己有责任拍好广州摩天大楼的夜景，尤其是广州塔这座地标及其周边的现代CBD夜景，展现广州作为一线城市的现代及繁华之美。"从作品的策划和脚本创意的视角，隆视觉选择了广州塔夜景的三个场景：广州塔全貌、广州塔局部特写（塔顶）、广州塔与CBD的"视觉合体"。这也是航拍广州塔的经典视角。具体到执行细节，主要考验飞手飞行路线的选择及运镜，后期调色增加了画面的饱和度，进一步提升了璀璨灯光带来的视觉效果。

此外，作为商业航拍短视频的代表，这则作品的时长体现出作者典型的"数据意识"：整个作品长14秒，这是为了保障作品的完播率，也契合了短视频用户碎片化观看的特质。实际上，14~16秒是众多商业航拍短视频作品时长的典型选择。

影航映画：白鹅潭烟花表演

从选题策划的角度，影航映画的白鹅潭烟花表演航拍短视频（图3-6）与花城航拍的第134届广交会航拍短视频类似，都是自带热度的选题，符合节日氛围，极具视觉观赏性。这个作品发布于2024年元旦，时隔12年白鹅潭烟火表演重磅回归，万众期待。影航映画还为本作品特别选择了粤语歌曲《新春颂献》，增加了喜庆的氛围，契合观众节日庆典的欢快心理，创造了欢乐的情绪价值。

从播放数据来看，截至2024年6月，本作品在视频号的点赞量为2.1万、转发量为2.7万、评论量为318。客观而言，以上数据除了评论量比较低以外，其他数据表现够得上"热门视频"的标准。究其原因，选题本身占据了较大的优势，同时航拍镜头的运镜、画面的切换及后期的调色也增加了作品的视觉冲击力。这也从侧面说明了航拍短视频前期策划环节的重要性。

扫码观看完整案例视频

图 3-6　影航映画：白鹅潭烟花表演

 案例解读

本章的案例来自三个不同背景类型的制作团队：花城航拍代表的是传统广电机构背景的制作团队；隆视觉代表的是个体型商业航拍短视频的制作方；影航映画代表的是商业公司的航拍短视频创作团队。三个案例，三种制作团队，其共性是都贯彻了"策划先行"的理念，从选题立项到脚本策划和创意内容，都不同程度体现了制作团队的策划思维。

第一个案例：第 134 届广交会的报道短视频。具有主流新闻媒体背景的花城航拍团队，在作品的前期策划过程中充分贯彻了平衡术的思维，即在主流新闻报道与网络短视频创意之间寻找平衡——前者要求策划者讲究传统新闻报道的严肃性和权威性，这会限制短视频创意的发挥；后者追求的是网络舆论场的传播力，需要的是更加接地气和更大胆的创意拍摄手法，重视内容的娱乐化包装。类似的平衡术几乎贯穿了所有花城航拍制作的航拍短视频作品，这是由花城航拍的传统主流媒体的特质所决定的。在这个案例中，花城航拍在限定立意和内容主旨的情况下巧妙运用视觉特效为作品增加了灵动和轻松有趣的调性，出色地完成了新闻报道重任。

第二个案例：隆视觉的广州塔夜景。项目的选题和策划均由梁兴隆一个人完成，这也是行业中很多精干型航拍团队的典型做法。核心人物——通常也是账号的主体运营人，负责航拍项目几乎所有的流程，从选题到策划、航拍、素材后期处理，再到作品的发布和运营。本案例的选题策划源自梁兴隆对于广州繁华城市夜景的航拍执念，他在4年的航拍生涯中，几乎拍摄了广州所有季节和天气条件下的有拍摄价值的地点，并形成丰富的"航拍广州"素材库，而广州塔作为广州的新地标自然在梁兴隆航拍广州夜景的选题之内。这种项目策划源自策划者对于航拍强烈的兴趣爱好以及对内容流量的深刻理解，能够对流量热点快速反应，完成拍摄计划、后期处理和发布，充分凸显了商业航拍团队的高效率。

第三个案例：影航映画的白鹅潭烟花表演。从某种意义而言，这个案例是花城航拍和隆视觉案例的融合体，既体现了新闻机构选题的社会新闻性，也展现了商业航拍团队的社会热点捕捉力及航拍视觉的吸引力。影航映画的规模和组成类似于花城航拍，项目运作方式比较贴近隆视觉，强调一专多能，高效产出，重视作品的播放数据和流量效果。从项目策划的视角，本案例的选题非常巧妙，白鹅潭烟火表演时隔12年回归，又有春节临近的节日氛围，加上影航映画娴熟的航拍运镜技巧，精美的画面构图和色彩，让作品收获了不俗的播放表现。

综合以上三个案例，可以看到航拍项目的策划对于成片播放效果的重要性。航拍短视频的策划流程应注意如下三个方面。

▶ 以选题定方向，以策划谋全局的策划思维

图3-7展示了完整的航拍短视频项目策划流程。首先是项目选题策划。航拍短视频的选题大致可以分为两类：既定选题和自主选题。花城航拍作为专业新闻媒体机构，既定选题占据了团队选题策划的较大比例。既定选题不仅包括广交会、广州马拉松、灯光节、春节花市等具有较高新闻价值的选题，也包括重大市政工程、时令季节变化等带来的城市风貌变化。面

对此类选题，编导的任务直接转入脚本策划的环节，努力做好内容表现即可。

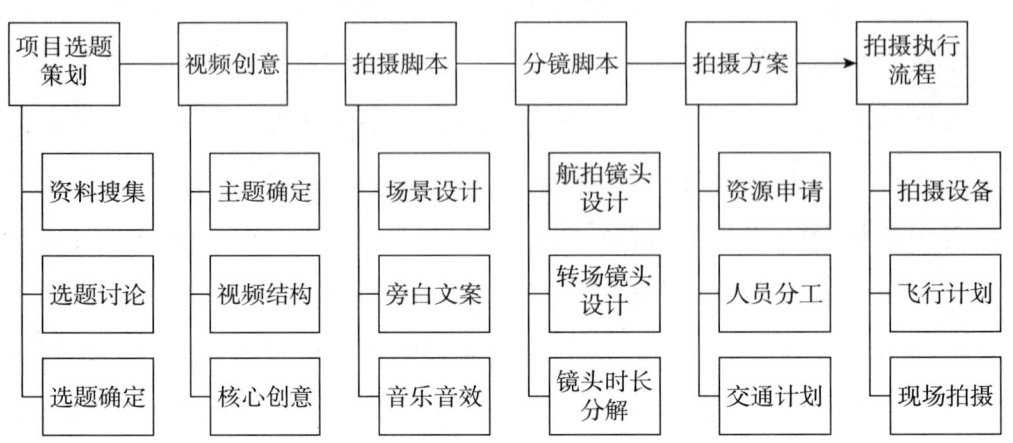

图 3-7　航拍短视频项目策划流程

像隆视觉和影航映画这类商业性航拍团队，选题自由度相对大很多。例如，每年的三月中上旬，广州进入为期 10~15 天的黄风铃花季，满城尽带黄金甲。这是隆视觉每年必拍的选题。当然，隆视觉和影航映画也会面临指定选题的情况，如商业航拍短视频项目，根据客户的需求定制拍摄内容。这些类型的拍摄项目相当于确定了选题，此时编导的任务就是努力做好"解题"工作，即有创意地表达主题。

确定了选题之后，从视频创意到拍摄脚本、分镜脚本，才是拍摄计划真正的核心，也是决定短视频作品质量的关键，所谓编剧的"网感"就体现在这个部分。以花城航拍在本章的案例为基础，表 3-2 展示了第 134 届广交会拍摄的分镜脚本。需要说明的是，表 3-2 的分镜脚本仅为示例，并非终稿版本。

表 3-2 《潮起珠江,广交世界》分镜脚本(示例)

序号	参考画面	画面内容	备注
1.1		指尖推动会展中心主体建筑不同区域;场景随机发生时空转变	拍摄需求: 1. 会展中心日转夜定机位延时; 2. 白天延时; 3. 晚霞延时; 4. 夜晚延时
1.2		上半部分为珠江夜景; 下半部分水中倒影为古代码头	标题
1.2			
2.2		会展中心门前定机位延时; 捕捉多个参展人员/布展人员居中镜头;同场景快切	

续表

序号	参考画面	画面内容	备注
2.2		广州外国贸易商人不同场景快切镜头	
2.3		手指转动广交会 logo； 花字特效：从 2023 年倒流至 1957 年，并出现花字"第一届中国出口商品交易会"；小字：出口成交总额达到 8686 万美元，占当年全国创收现汇总额的 20% 画面同牌匾视角变成老照片；手指移开，画面再回到现代	中间穿插事件素材： 1978 年，机械产品成交额 5400 万美元； 1990 年，收录机、彩色电视机成交额 2.5 亿美元
3.1		广交会展馆内部搭建延时； 多角度（抽帧特效）； 日夜工作；工作人员或参展友商	
3.2		逛展多场景快切	花字： 货如轮转、商贾云集

续表

序号	参考画面	画面内容	备注
4.1		镜头后退，珠江江面海心桥、古代桥面	花字： 潮起珠江、迈向世界
4.2		镜头持续后退，古代桥面退至十三行视频素材镜头；外销扇打开转场	花字： 货聚广州、通达全球
5.1		退至珠江琶洲新城（江面倒影）	花字： 千年商都、广交天下

注：分镜脚本中的图片为参考画面，不代表实际拍摄画面。

分镜脚本将视频创意进行视觉化展示，按照拍摄顺序和镜头时长，以参考画面为核心，确定画面基本的视觉参考，以及拍摄手法、旁白文案和背景音乐参考等。分镜脚本是最接近现场拍摄计划的书面规划。一般而言，分镜脚本完成意味着短视频项目策划阶段的结束，接下来就是制定现场的拍摄方案，如资源申请（包括经费、外部协作资源如飞手联盟等）、拍摄团队的人员分工、交通计划的安排等。需要说明的是，航拍短视频的现场拍摄方案与传统短视频有所不同，由于涉及航拍元素，拍摄计划需要考虑飞行计划的申请，这中间存在一定的不确定性，如申请被驳回，或天气情况造成飞行计划更改等，有可能导致整个项目被取消。因此，团队需要提前制定备选方案，如改期航拍、加大地面拍摄的镜头比例等，最大限度降低航拍因素带来的项目不确定性。

以文化为导向，创造作品的情绪价值

很多人对网络短视频的低俗多有诟病，认为是为了博取流量拍摄过度娱乐化的内容。这中间固然有短视频平台内容推荐算法过于迎合观众喜好的原因，但从创作的角度，短视频缺乏足够的文化内涵是本质原因。当然，具有文化内涵并不意味着作品的内容过于严肃而缺乏群众基础。文化内涵是经过巧妙包装的文化元素，让观众在满足娱乐需求的同时，产生正能量的深度思考。那么，短视频编导应如何在作品策划的道路上不断实现进阶，成长为一名专业生命力持久的优秀编导呢？图3-8展示了短视频策划进阶三部曲。

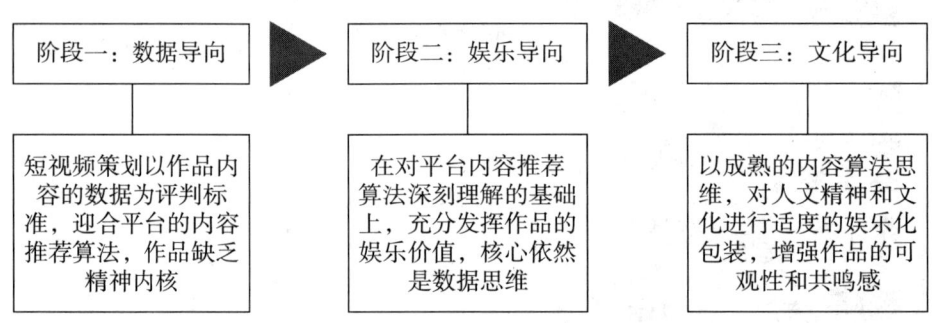

图 3-8　短视频策划进阶三部曲

根据图3-8，花城航拍第134届广交会的报道案例充分体现了"文化搭台、娱乐唱戏"的策划特点。对于年年都有的广交会新闻报道，如何拍出新意并在短视频社交平台获取关注流量呢？娱乐为壳，文化内核是关键。娱乐指片子的调性偏向于轻松有趣，包括后期特效的添加，俏皮灵动，这样就有效解决了"正剧"的严肃性限定。但仅仅创造娱乐价值还不足以让作品"立得住"，花城航拍的编导们将广州千年商都的文化内核融入作品创作中，查阅和研读了大量以广州为核心的岭南商文化资料，在第134届广交会"广交世界，互利天下"的基础上，以商业浪潮的时代脉动为意象，融合广州现代都市的风光，深刻诠释了"潮起珠江，广交世界"的作品主题。文化意象确立之后，视觉表现选择了钢琴按键的律动，辅以广交会琶洲展馆的亮灯，以广交会logo模拟时钟转动，回顾广交会历史演进，并以折扇为转场特效，进行作品的场景切换。至此，整部作品的"面子"和"里子"都有了，而且借助航拍镜头和画面实现了充分的视觉传达，体现了从数据导向、娱乐导向到文化导向的三部曲，反映了花城航拍编导团队的专业成熟性。

本章选取的隆视觉案例只有短短的 14 秒，如何创造以文化为内核的情绪价值呢？巍峨雄壮的广州塔以及夜景中其与繁华的 CBD 的相互映衬，为人们带来了强烈的震撼。这种震撼不仅是视觉层面的，也有对于广州这座城市深深的自豪感。这些城市建设成就进一步升华为对中国社会现代化发展的自豪感，以及对中华民族崛起的自豪感。基于自豪感的民族情绪就是这部 14 秒钟的作品带给观众的情绪价值，也是梁兴隆当初选择拍摄广州现代都市夜景的情感初衷。类似的策划思路和特点，也体现在本章选取的影航映画的案例之中。璀璨烟花的视觉效果传递的是广州现代城市建设带来的自豪感，以及节日带来的欢乐祥和的情绪价值。由此可见，良好播放数据背后的支撑依然是文化内核。

总结来看，花城航拍的第 134 届广交会的作品，对于文化内涵的挖掘更加深入，以岭南商文化的历史为线索，以广州现代城市和经济时代变迁为叙事主线，穿插了广交会的历史演变。以上文化元素的挖掘和应用大大增强了作品的可观性和情感共鸣，使作品超越了单纯的社会新闻报道，成为广交会历史与广州历史的交相呼应。隆视觉和影航映画的作品结构看似简单，但通过独特的航拍运镜、构图与后期，激发了人们对于广州城市现代发展的自豪感，甚至是民族自豪感。由此可见，真正耐看和具有流传度的作品，必定有文化层面的策划思维融入其中。正所谓"文化搭台、创意唱戏"，为观众创造足够的情绪价值，是作品生命力持久的关键。

▶ 以特效为抓手，狠抓"黄金 3 秒"开场

在社交媒体平台上，短视频若想获取良好的播放数据，最大的挑战来自"黄金 3 秒"的开场，甚至是"黄金 1 秒"。这就要求编导在脚本创作中，能够在作品的一开始抓住观众的注意力，增加其停留的概率。短视频观众每天"徜徉"在大量的信息流中，加之短视频的同质化竞争，观众早就被训练得

"波澜不惊"了。如何解决短视频的"黄金3秒"问题，非常有挑战。

航拍短视频解决"黄金3秒"具有独特的优势：航拍镜头的独特视角，辅以后期特效的处理，视觉上具有新鲜感和刺激感，容易激发观众停留观看的兴趣。

在本章的案例中，花城航拍从"航拍镜头+视觉特效"切入，将广交会琶洲展馆的亮灯、音乐节拍和手指点动结合在一起，令人耳目一新。隆视觉的广州塔夜景航拍，手段更是简单直接，充分发挥了航拍镜头的优势，带来难得一见的广州塔震撼视角，瞬间吸睛、夺人心魄，加之作品只有14秒钟，观众在震撼尚未平息之时，已经完成了整个作品的观看。这不仅解决了"黄金3秒"的问题，对于作品的完播率提升也很有帮助。影航映画的白鹅潭烟花表演也采用了这种处理手法，"炫目的烟花+航拍视角"带来的新鲜感吸引观众停留。

然而，通过视觉特效创造航拍短视频的"黄金3秒"也不能作为一种常态手法。因为观众会审美疲劳，尤其是现在航拍如此普遍的情况下，作品的航拍视角已经很难再为观众带来新鲜感了。隆视觉在接受访谈的时候，表述了如下的观点："航拍广州地标的夜景让我收获了流量的红利，成为在这个领域的头部自媒体达人。但广州的地标和城市夜景总有拍完的时候，再精彩和震撼的夜景也有令观众审美疲劳的时候，这也是创作遇到瓶颈的时候，账号的粉丝增长有了天花板效应，下一步需要探索新的创作方向。"因此，在实际运用中需要把握视觉特效与短视频的黄金开场之间的度，或在视觉特效上不断推陈出新，持续震撼开场；或在视觉特效的基础上，叠加其他有利于增加观看黏性的技巧，如选题和剪辑节奏，甚至背景音乐等。总之，关于短视频的"黄金3秒"开场方式要不断尝试创新，找到适合特定情景的手法，不能总是依赖独特的航拍画面和后期特效。短视频"黄金3秒"开场的创作技巧如表3-3所示。

表 3-3 短视频"黄金 3 秒"开场的创作技巧

"黄金 3 秒"开场技巧	适用场景	优势	弊端
视觉特效	建筑物、自然风光、适合动画互动的场景	充分发挥航拍的优势及后期特效软件的作用	容易产生审美疲劳,从技术上难以推陈出新
矛盾冲突	剧情类或创意类短视频	创意的空间较大,增加开场黏性的效果突出	适用范围较窄,适合剧情类短视频,制造矛盾手法易雷同
热点事件	新闻类或社会关注事件类短视频	热点题材较易抓取,吸引观看和流量效应好	时效性强,且热点事件具有偶发性,可控性较弱
情感共鸣	适用场景的范围较广,利用人类情感元素,如亲情、友情、爱情等	可以利用的情感元素较多,根据不同的题材类型,灵活选择情感共鸣点,吸引观看能力强	能够真正产生情感共鸣的创意较少,情感共鸣的尺度控制难,容易陷入盲目煽情的套路中

表 3-3 所列举的四种"黄金 3 秒"开场的创作技巧,本质上都是激发人类情感的技巧。视觉特效针对的是人们的好奇心,即对于未知事物的探索欲。开篇矛盾冲突的营造,如亲情冲突、爱情冲突、审美冲突等,实际是情感价值的瞬间释放,强烈的情感刺激引发观众的关注和停留。热点事件抓住了人们的好奇心和从众心理,而且热点事件之所以成为流量热点,底层逻辑依然是触动了人们情感的某个敏感点,例如当下年轻人的婚恋问题、就业问题等。情感共鸣的创作技巧则着眼于为人们提供情绪价值,如果短视频在开场的 3 秒钟内可以表达足够清晰的情感,就可以大大增加人们停留和观看视频作品的概率。

"黄金 3 秒"固然重要,是夯实一则短视频作品后续播放数据的基础,但不能过于强调"黄金 3 秒"的创作技巧,进而陷入哗众取宠、低俗媚俗甚至虚假造谣等泥淖,而忽视了作品后续内容的质量。否则就是本末倒置,得不偿失了。

 **应知应会**

是否所有的航拍短视频项目都需要经过策划环节？

答案是不一定。航拍短视频项目的策划实际上包括两大板块：选题策划和剧本策划；每一个板块还有细分的工作内容。航拍短视频项目是否都需要策划？理论上都需要按照图3-7的完整流程操作。但在实际的项目执行中，根据项目团队的背景、规模、实力及实战经验，结合具体情况，有可能省略策划的某些环节，如选题环节和拍摄脚本环节，甚至是全部的环节。这些工作流程被融入拍摄计划中，以提高作品产出的效率。例如，隆视觉几乎所有的短视频作品，都由账号的主理人梁兴隆全程负责，从选题到脚本，再到拍摄计划以及后期剪辑。对于类似隆视觉这样的精干型商业航拍团队而言，效率是第一位的，形式上的策划往往融入丰富的航拍经验当中，甚至很多作品诞生于"拿起就拍"。

当然，类似隆视觉和影航映画这样的商业航拍团队，面对特定的项目需求，或者重大的航拍选题的时候，也是需要前期的策划流程的。例如，贵州文旅跟隆视觉的合作。这是商业合作拍摄的项目，客户对作品是有要求的，因此隆视觉需要认真对待前期策划环节，根据拍摄主题，详细撰写创意脚本、分镜脚本和现场拍摄计划等，包括拍摄前期的现场勘察，天气情况的预估和应对预案的准备等。

而类似花城航拍这样的专业新闻机构，由于日常需要承担大量的政府宣传任务或者重大社会经济事件的报道任务，团队需要在项目策划阶段悉心准备，详细撰写拍摄脚本和现场拍摄计划。

此外，还有很多短视频团队，包括航拍短视频团队，拍摄作品的目的是打造个人IP，进行流量变现。因此一旦形成了适合于某个账号人设的拍摄模式，打开了账号的流量闸门，后续的拍摄选题和脚本就会形成固定的模板，以提升生产内容的效率。此时，拍摄团队对于项目的策划和脚本撰写就不那么重视了，除非需要探索测试下一套拍摄模板。

综上所述，对于航拍短视频团队而言，策划的重要性不言而喻，理论上每一个作品都需要走完策划流程，尽量保障团队的出品质量。但在复杂的行业实践中，出于网络短视频高频次发布的需求以及其他情况的需求，短视频团队也会省略策划的某些流程，直接进入拍摄阶段，以保证高效快速出片。

▶ 如何训练成为一名合格的具有"网感"的策划/编剧？

参考前文的图1-3，具有"网感"的编剧成长历程分为三个阶段：数据分析、技术积累和本能意识阶段。这三个成长阶段的内在逻辑是让"网感"成为下意识的反应，应用于不同的短视频项目中。

在本书的编写过程中，笔者采访过一个IP打造团队。这是一个处于初创阶段的团队，想打造一名带货主播，通过系列短视频的创作累积粉丝，并形成独特的人设标签。为此，团队全员上阵，找对标账号，分析竞争对手的作品及播放数据，同时采购专业微单和灯光等设备，精心为主播制作了系列短视频，并投放在抖音账号上；团队每天都会对作品播放数据进行复盘，整套流程非常专业且严谨。但让团队困惑的是，无论怎样在编剧方面进行创新，在平台自然流量的状态下，短视频始终处于"冷场"状态，寥寥无几的播放量和评论时刻侵蚀着团队的信心，编剧完全找不到方向。鉴于此，团队负责人邀请了一名编剧顾问（该编剧在某平台上负责达人的短视频创作，是一名非常成熟的编剧），并根据该顾问打造的剧本制作短视频，在平台上获得了爆款视频的流量，效果立显。这就是处于第一阶段（数据分析）的编剧与处于第三阶段（本能意识）的编剧的区别。对于后者而言，"网感"已经深入基因当中，能于无形之中将各种创作技巧运用得收放自如。

无论是IP打造，还是航拍短视频，都是希望创作播放数据拔群的内容作品。那么，"网感"作为衡量策划或编剧水平的关键指标，应如何训练？短视频策划/编剧的"网感"训练主要有以下步骤，如图3-9所示。

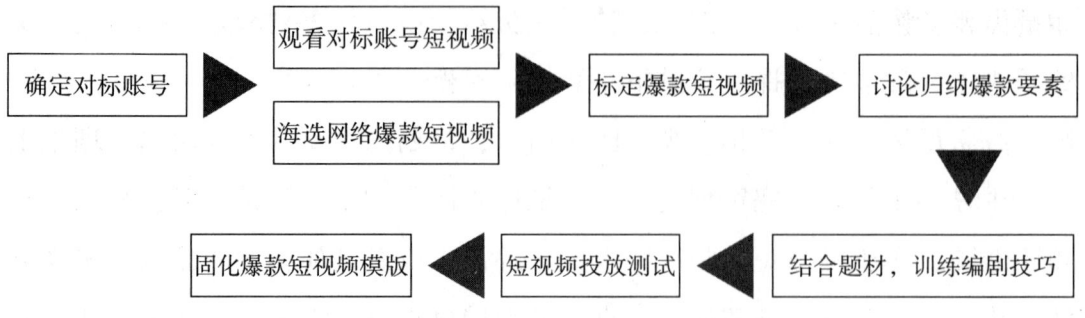

图 3-9 策划/编剧的"网感"训练步骤

▶除了"黄金 3 秒"开场，短视频编剧还需要考虑哪些数据评价指标？

短视频在社交媒体平台上的数据表现，本质上是由内容算法控制的。内容算法根据短视频的播放数据，调整给短视频的推送流量，即开放给作品更大的流量池，进一步增加短视频的播放数据。这就是爆款短视频诞生的算法底层逻辑。

"黄金 3 秒"代表的开场点击率，只是社交媒体平台对短视频作品的评价指标之一。从观众行为逻辑的评估上，"黄金 3 秒"是最关键的指标。但平台的内容算法有一整套对短视频作品进行考核的 KPI，立体完整地评估每一个作品的质量，如图 3-10 所示。

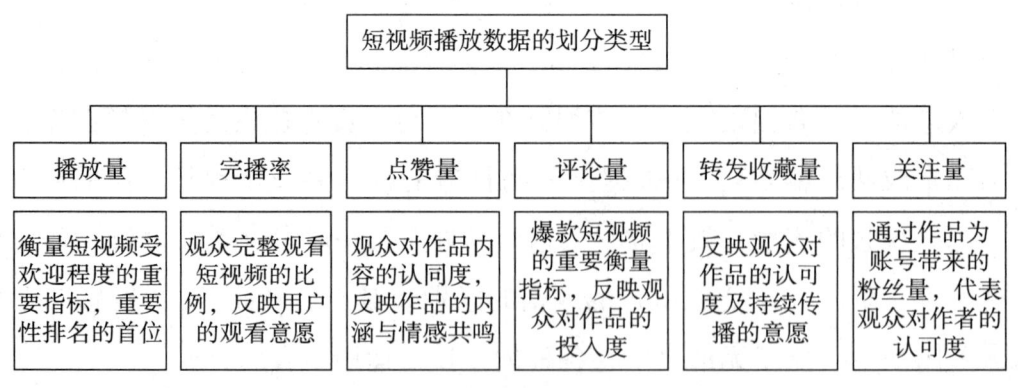

图 3-10 短视频播放数据的划分类型

实际上，图 3-10 所示的指标体系是有其内在逻辑的。前面五个指标反映的是作品本身的受欢迎程度，即爆款短视频的衡量指标；最后一个指标关注量代表了作品的流量累加效应，即作品的发布为账号主体带来的流量规模。这对于账号的商业化运作是最关键的，也是短视频发布和运营的"终极衡量指标"。

在图 3-10 中的前五个指标中，比较关键的三个指标是播放量、完播率和评论量，分别代表了短视频作品的传播力、吸引力和互动力。而"黄金 3 秒"正是以上"三力"的基础，对于播放量的影响巨大。

第二个指标完播率，此处与我们通常的理解有所不同。完播率分为两种：5 秒完播率和整体完播率。用户停留观看 5 秒就会计入 5 秒完播率；而整体完播率指完整观看短视频的用户比例，其计算方法为完整观看短视频的观众数/观看短视频的观众总数×100%。在实践中通常计算的是 5 秒完播率。如果一个作品的 5 秒完播率达到 50%以上，这个作品被平台算法推荐上热门的概率就大大增加了。既然如此，应如何提升 5 秒完播率呢？除了在短视频的编剧方面进行努力以外，把作品的时长控制在 7~15 秒有助于提升 5 秒完播率。换句话说，15 秒以上的短视频在当前的传播环境中"过长"了，不利于完播率的达成，隆视觉的大部分短视频都控制在 14 秒左右，原因就在这里。

短视频的评论量也是内容算法对作品进行评价的关键指标，反映了观众观看作品的投入度。当然，衡量作品互动力的指标还有点赞量，但从观众的实际操作习惯来看，相对于"动动手指"的点赞，需要输入文字的评论显然更能反映观众同这个作品互动的"诚意"，因此也更能体现该作品的互动力。

那么，应如何提升作品的评论量呢？可参考表 3-4 中的提升短视频评论量的方法。

表 3-4 提升短视频评论量的方法

提升评论量的方法	说明	优劣势
反差与矛盾	突出剧情画面元素的反差，如美与丑、黑夜与白天、季节差异；设置剧情矛盾，引发观众的"争论"，获得评论量提升	优势是效果比较明显；劣势在于适合画面具有反差元素的题材，或者剧情类的短视频

续表

提升评论量的方法	说明	优劣势
特效的视觉	通过稀缺的画面元素营造震撼的观感，或者添加后期特效、滤镜、色彩或动画等，引发观众的讨论、评论	优势是不依靠编剧的剧情设计，容易实施，且效果较好；劣势在于对题材画面和后期特效要求高
独特的观点	在短视频的剧情设计中融入作者对于短视频内容或热点事件的独特观点，依靠观点的差异引发观众的互动与评论	优势在于效果容易达成，引发大量的评论；劣势在于使用题材比较有限，观点容易偏激
情绪的共鸣	类似于剧情策划中对人的共同情感的观照，如爱情、亲情等，容易引发观众共鸣，主动评论	优势是适用题材较广，且正向情感有助于粉丝量增加；劣势在于情绪共鸣的尺度难以把控，容易自说自话或落于俗套
不合理营造	在拍摄的场景中，或者画面的构图中设置一些明显不合理的元素，如人、物，这些违反常理的设置容易引发观众的讨论，提升评论量	优势在于容易实施，适用的题材范围较广；劣势在于对策划/编剧的理念意识要求较高，以及不合理元素设置的尺度把握有难度

以上提升短视频评论量的方法是在实践中摸索出来的，具有一定代表性和可实施性。在运用这些方法的时候，需要注意两点：一是每一种方法都有适用的范围限定，短视频项目需要根据自身的定位，选择最为适合的方式；二是在实际运用中，一定要把握好尺度，如反差与矛盾、情绪的共鸣和不合理营造，不要落入为了评论量而强行煽情的俗套之中，这样反而丢失了作品原有的内容主旨，不利于团队或账号的长期运营。

第四章　无人机航拍短视频脚本撰写

 基础知识

短视频脚本是用来指导短视频内容创作的一种文本说明，通过文字、图片、旁白文案和背景音乐等形式，将短视频的内容主题和表达形式表现出来。短视频脚本在实际运用中可以细分为故事脚本和分镜脚本。故事脚本通过文字描述短视频的主要内容情节和创意表达形式，属于脚本创作的初级阶段，一般用于创作团队与客户的沟通，确定拍摄内容的主题，不涉及具体的镜头安排；分镜脚本可以看作故事脚本的细化，更加贴近拍摄计划，即将每一个镜头的时长、参考画面、旁白文案、参考音乐/音效等清晰地标注出来，一般用于团队内部的沟通，指导摄影师和后期开展工作。

航拍短视频脚本和传统短视频脚本的要求大致相同，主要的区别是通过脚本"讲故事"的时候，将航拍的画面特点和创意表达融入内容表达当中。除此之外，航拍短视频脚本撰写还需要考虑航拍镜头与地面拍摄镜头的比例划分问题。当然，全部内容表达都通过航拍镜头实现也是可以的，如前文提到的隆视觉和影航映画，其制作短视频的定位就是航拍，因而分镜脚本撰写就需要完整贯彻航拍运镜和画面构图的思维。

对于短视频创作而言，脚本能够发挥怎样的作用？让我们做一个横向类比。影视剧是一门公认的艺术，其投资大、拍摄周期长、专业性高，大部分

影视剧的制作源头都是剧本。剧本被称为"一剧之本",先有剧本的故事,才有影视剧的诞生。此外,影视剧的现场拍摄也需要分镜脚本的指挥,不同的部门和演职人员才能按部就班完成工作,提升沟通效率和拍摄质量。短视频可以看作迷你型的影视剧,即便时长只有几分钟,为了确保内容创意在拍摄和后期制作过程中不走样,实现质量稳定的输出,故事脚本和分镜脚本的撰写还是具有很大的实践意义的。脚本在短视频创作中的作用如图4-1所示。

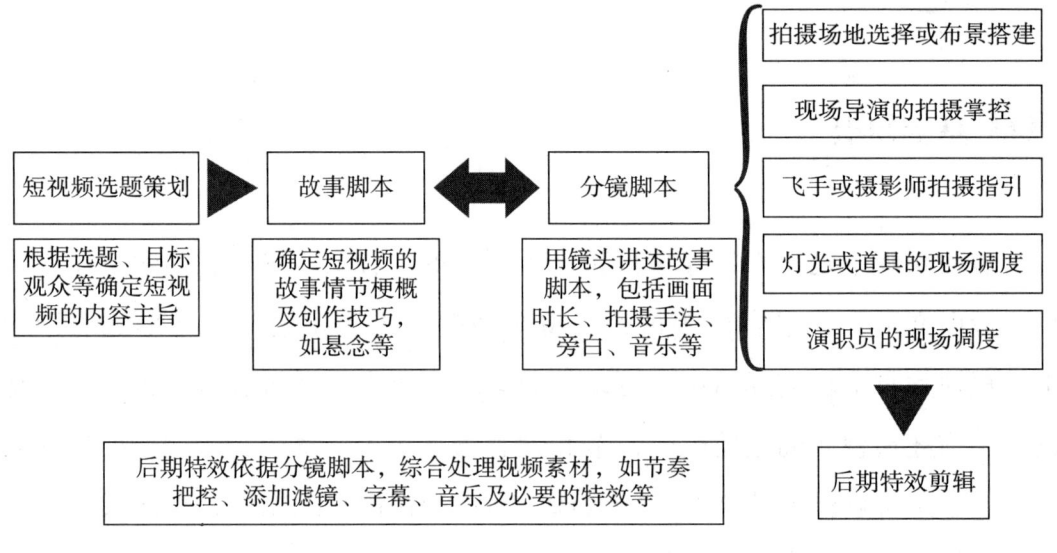

图4-1 脚本在短视频创作中的作用

脚本发挥着"承上启下"的作用,对上可以承接选题策划,展现编导对于内容表达的创意。故事脚本可以进一步细化为分镜脚本,即按照镜头的顺序和时长安排关键画面的视觉参考,并嵌入旁白文案、参考音乐或音效,更加形象直观地表现作品的最终样貌。此时的脚本更像是一份拍摄现场的计划表。"承上"的部分完成之后,"启下"的作用就在于编导在拍摄现场,根据分镜脚本调度飞手或摄影师完成运镜及构图等一系列拍摄工作;不仅如此,后期剪辑和特效也需要按照分镜脚本的设计进行二次创作。

在行业实践中,还存在一种情况,即在没有脚本的情况下直接拍摄。这样一是因为拍摄者就是自媒体账号的运营者,属于个体作战,加之航拍经验比较丰富，遇到值得拍摄的场景随时起飞无人机拍摄。二是因为网络短视频的时长较短（15秒钟左右），无法容纳复杂的剧情设计，只需要考虑航拍镜头的构图及天气、光线情况即可，主要依靠航拍画面的视觉效果吸引观看，而非视频内容情节。但这种操作方式容易造成短视频质量参差不齐，不利于团队作战及持续的高质量作品的产出。

案例展示

花城航拍：《机遇广州》

从拍摄脚本标准规范的角度，在花城航拍众多案例中，《机遇广州》是比较具有代表性的。在1分20秒的时长中，作品结构清晰地展示了现代广州建设和发展机遇的不同层面，内容的模块化结构非常明显。花城航拍的《机遇广州》在2023年7月22日发布于官方视频号和抖音号。对于这一偏向于综合新闻类的短视频，花城航拍的编导们一开始需要构思整个片子的内容架构。这也是传统新闻片的典型处理手法。

"机遇广州"这个选题决定了短视频展现的主要内容是广州不同经济板块的发展定位和建设成果。前者决定了短视频的内容篇章划分，后者通过航拍的手法展现。鉴于此，该作品的故事脚本创作思路就非常清晰了，即通过模块化的结构设计，展示广州经济发展的不同重点领域和成就，具体如下。

机遇广州开篇：通过展示广州珠江新城和广州塔，展现广州城市整体形象，并推出"机遇广州"的片名，作为整个作品的概括引领。

文化生活篇章：展示白鹅潭商圈，包括世界级滨水魅力艺术区和广东非物质文化遗产展示中心、广东美术馆、广东文学馆的航拍镜头。

地标商圈篇章：选择广州塔—琶洲、长隆—万博等广州五大世界级地标商圈进行展示。

数字金融篇章：通过广州国际金融城的航拍镜头，展现广州在国际金融中心城市建设方面的成果及展望。

世界级航运篇：通过广州南沙港自动化码头建设四期的码头及远洋货轮的航拍画面，展现广州南沙区打造世界一流港口的斐然成绩。

汽车生产篇：承接南沙港的画面，通过港口中排列的出口汽车的航拍镜头，展示广州作为汽车第一城的地位——中国每生产9台车，就有1台车来自广州。

交通枢纽篇：广州定位为大湾区枢纽之城，通过广州新火车站以及高铁密集交汇的航拍镜头，体现广州作为交通枢纽的核心地位与建设成果。

绿色生态篇：通过从化流溪河、白云湖数字科技城的航拍镜头，展现广州"绿色生态+经济发展"的成果。

数字科技篇：通过广州CBD城市夜景的延时航拍镜头，以及琶洲互联网聚集区的夜景航拍展现广州欣欣向荣的互联网经济业态。

终章篇：以广州艺术博物院新馆、广州中轴线地标建筑的夜景为线索，推出片子的结尾标版——机遇之城2023。

图4-2是该作品的画面截图。实际上，这类型的题材脚本创作的难度并不大，主要的挑战在于前期的资料搜集与整理，尤其涉及城市的经济发展规划，需要根据官方的权威文件梳理广州经济发展的相关政策，并对照各自板块的代表性区域规划航拍路线和镜头取景。

扫码观看完整案例视频

图4-2　花城航拍：《机遇广州》

故事脚本确定后，转化为分镜脚本，依照作品的时间轴，对所有板块的重点镜头进行细化，包括参考画面、旁白文案、参考音乐/音效等。分镜脚本将在后面的案例解读中展示，此处不赘述。

流氓兔视觉：《致春天·广州》

流氓兔视觉是一个主打广州夜景航拍的自媒体矩阵，账号的主理人是罗宜威。流氓兔视觉的主要账号分布在抖音、视频号、小红书、快手、今日头条和微博，其中，抖音账号粉丝有 50 万。拥有这样粉丝数据的航拍账号在广州本地已经属于头部账号了。

扫码观看完整案例视频

图 4-3　流氓兔视觉：《致春天·广州》

原籍广东茂名的罗宜威作为一个新广州人，自 2018 年接触航拍，立志要将广州璀璨壮观的夜景和花城的四季美景通过航拍镜头传播出去。经过 3 年的自媒体账号运营，罗宜威于 2021 年转型做专职自媒体人，集中精力运营自己的航拍自媒体账号矩阵，通过 720 多个作品将流氓兔视觉打造成传播广州城市形象的民间阵地，并引起了广州市委宣传部的关注。2021 年，罗宜威接受委托通过航拍完成了中央电视台春晚宣传片广州塔顶的太极片段的拍摄；2022年，接受中央电视台4套纪录片《远方的家》的采访；2023年，作为广州代表参与了央视纪录片《走遍中国》的采访。

本章在选择流氓兔案例的时候，并没有选择播放数据更高的上述类型的视频，而是选择了时长1分33秒的作品——《致春天·广州》，主要的原因是该作品的脚本具有显著的风格，旁白文案更是彰显了短视频脚本的重要性。

《致春天·广州》发布于2022年4月8日。绝美的广州画面，温馨有力的文案，不仅给观众以视觉上的享受，更让人感到一股暖流在心底涌动，充满力量与希望。整个片子的节奏舒缓，画面、音乐和旁白文案结合得恰到好处，实属佳作。

 **案例解读**

本章所选择的两个案例时长均在1分20~30秒，比十几秒钟的航拍短视频更能体现脚本撰写的价值。

除此之外，这两个案例的脚本特点存在显著的差异。花城航拍的《机遇广州》以新闻报道为主要内容，因此脚本采用了新闻报道常见的"主题板块式"结构，不同的章节之间泾渭分明，板块化结构明显。不仅如此，《机遇广州》采用的是字幕而无旁白，配合画面和情节的推进，让观众更加聚焦于信息和画面本身。表4-1展示了花城航拍在《机遇广州》创作过程中真实的分镜脚本。

内容概括：将机遇之城划分为商圈之城、文化之城、枢纽之城、产业之城、绿美之城、活力之城。以航拍"一镜到底+创意转场"的方式，串联各区重点工程与发展特色。

时长：1分30秒。

表 4-1 《机遇广州》分镜脚本

序号	地点标注	画面描述	关键词	参考画面
1		卡点，多个航拍大景，逐渐翻转180°，加入机械齿轮声	欢迎来到机遇之城（对应东风路画面） 产业之城（对应电视塔画面） 文化之城（对应新文化馆画面） 绿美之城（对应流溪河画面） 枢纽之城（对应明珠湾大桥画面） 商圈之城（对应金融城大景） 活力之城（对应广州大景航拍画面）	
2	白鹅潭商圈	壮阔白鹅潭江面，出现关键词（平躺画面出）	世界级滨水魅力艺术区	
3		"三馆合一"项目一镜飞越，以立白国际商务中心作为前景，过渡下一个画面	广东美术馆 广东非物质文化遗产展示中心 广东文学馆 "文化巨轮"扬帆珠江	
4		从航拍变成球状VR，转动转下个场景	"5+2+4+22"商圈规划图鉴 白鹅潭 广州塔—琶洲 天河路—珠江新城 金融城—黄埔湾 长隆—万博	
5	长隆万博商务区	一镜飞万博大道、写字楼	智造创新城 世界级地标商圈	
6		电视塔大景，建筑体入画，近景拍塔，希区柯克式运镜	超高清视频创新产业园区	

续表

序号	地点标注	画面描述	关键词	参考画面
7	东风中路商务区	建筑特写 东风路向前飞	老城市新活力 创新发展示范区	
8	广州国际金融城	已拍：从树拉出来看到金融城 已拍：金融城特写	数字金融总部核心区	
9	南沙创享湾	DJI 0190 航拍		
10	南沙港	以一货柜移动遮挡画面， 移轴效果展示南沙港	高质量发展看制造	
11	广汽研究院			
12	白云新火车站	已有素材	大湾区互联互通新高度	
13	新塘站综合交通枢纽			
14	广州北部增长极			

续表

序号	地点标注	画面描述	关键词	参考画面
15	从化流溪河			
16	白云湖数字科技城			
17	琶洲互联网聚集区	（日转夜）琶洲西区角度，带猎德大桥，向前飞	琶洲 互联网聚集区 珠江新城 国家级中央商务区	
18		夜景素材，展示广州璀璨夜景		
19	广州艺术博物院新馆			
20			机遇之城　2023	

另一个案例——流氓兔视觉的《致春天·广州》视频风格迥然不同，从非官方的视角温情叙事，脚本的结构更加意识流，主要靠情感推动剧情的发展，这与《机遇广州》板块式结构差异明显。

表4-2展示了《致春天·广州》的分镜脚本。

内容概括：通过展现春季广州的繁华都市之美、生态之美、人文之美，以春天寓意温暖和希望，为广州这座充满活力的城市加油。

时长：1分36秒（含最后商业企业标版）。

表 4-2 《致春天·广州》分镜脚本

镜头时长	画面描述	旁白文案	参考画面	参考音乐/音效
3"	片头，广州CBD远眺	致春天		
4"	云中瞭望广州塔	有人说，这是个不平静的春天，让生活失去了色彩		
4"	珠江新城内环路高架桥的航拍推进镜头			
10"	抗疫画面切换	有人说，这是个不安的季节，让期待变得很慢，相聚变得很远		舒缓的音乐，钢琴节奏
4"	广州中轴线航拍	有人说，这是个不确定的时代，让希望的光芒，被瞬间掩盖		
4"	朝阳下的云中广州塔航拍	但，这不应该是生活的全部		
4"	有轨电车的航拍画面			
7"	环岛路黄花风铃木开花的景象	环岛路的黄花风铃木，漫画般的春天梦境		

续表

镜头时长	画面描述	旁白文案	参考画面	参考音乐/音效
5"	陵园西路的木棉花航拍镜头	陵园西路的木棉花，染红了蔚蓝的天空		舒缓的音乐，钢琴节奏
	有轨电车及木棉花开的航拍镜头			
6"	北京路夜景航拍延时快进镜头	北京路的美食，世界再大，不过一句"得闲饮茶"		
10"	珠江两岸的繁华城市夜景航拍	珠江两岸的经济浪潮，任凭时代奔涌，繁华永不落幕		略显激昂的音乐
4"		这里有我们奔跑的梦想		
5"		有我们眷恋的烟火		

续表

镜头时长	画面描述	旁白文案	参考画面	参考音乐/音效
5"		有我们的星辰大海和牵挂的爱人	参考画面同上	略显激昂的音乐
5"	城市CBD和高架桥车流不息的航拍	即使在这个不平静的春天，广州，这座美好如春的城市依旧奋进向前	参考画面同上	
8"	广州CBD夜间航拍远景	而我们，依然拼尽全力，为城市尽全力		
8"	素色底版		商业企业+创作者标版	

注：此处参考画面为原视频截图，非一般意义上的参考画面。

最后需要说明的是，以上两个案例的分镜脚本在格式上略有不同。例如，花城航拍的《机遇广州》的分镜脚本并没有按照顺序标注每个镜头的时长以及参考音乐/音效。这种差异属于不同操作团队的习惯问题，不构成原则性问题，分镜脚本的文本能够有效辅助拍摄计划的进行即可。

应知应会

是不是所有的短视频拍摄都需要撰写脚本？

答案是不一定。有一些类型的短视频拍摄不需要撰写脚本，但会有一个简单的拍摄计划或构思。网络短视频大多因为时长较短，无法容纳复杂的剧情和场景设计，"故事"本身也比较简单。成熟的短视频创作团队有时会直接拎机开拍，虽然不够正规，但胜在高效出片。这种强调效率的做法对于某些热点型的短视频创作尤为重要。例如，流氓兔视觉、隆视觉这样的个人商业航拍短视频创作者，最大的优势就是灵活高效，能按照自身的账号定位，随时准备投入特定题材的拍摄制作中，其间是没有时间和条件形成脚本的。"我知道这次来广州台是接受采访的，但我依然习惯性地背着我装着无人机的背包，随时有机会就投入到创作中。"这是流氓兔视觉的罗宜威在接受访谈的时候自然传递出的创作理念。

在需要撰写脚本的情况下，不同的团队有不同的习惯。基于团队成员的默契，有些脚本看起来并不正规，甚至不够详细，能够提升拍摄团队的效率即可，如本章两个案例的分镜脚本，格式和内容的详细程度差异较大，这属于正常现象。

具体而言，在哪些情况下需要按照正规的脚本模板详细地撰写故事脚本和分镜脚本呢？可以参考表4-3所列举的情况。

表4-3 项目或团队情况对脚本的影响

项目或团队情况	是否需要脚本
团队的成熟度	初创团队或者经验不够丰富的团队（如更换了项目），需要通过脚本的撰写明确短视频创意和执行的细节，最大限度还原编剧的剧情设定； 经验丰富的团队，项目实施人员的默契度较高，为了满足短视频网络传播的时效性，通常直接进入拍摄计划的制订，之后到现场实施拍摄
短视频的长度	剧情类的短视频通常在1分钟以上，甚至十几分钟，较长的时长容纳较为丰富的剧情，有必要通过脚本固化所有的故事情节和镜头设计，提升现场拍摄的效率； 15秒以内的短视频的场景和情节设计较为简单，为了满足短视频拍摄的效率要求，通常直接进入拍摄阶段，现场灵活调整拍摄的内容
短视频的类型	商业定制型或新闻报道型的短视频，内容要求比较复杂，时长在1分30秒~2分钟，大部分需要融合无人机航拍和地面拍摄，无论是在方案确认阶段，还是在拍摄阶段，脚本撰写的必要性都较强； 大部分引流型短视频的内容比较简单，在团队拍摄经验丰富、配合默契的前提下，不需要形成正规的脚本，有简单的拍摄思路或计划即可
剧情模板成熟度	某些团队已经测试出了效果较好的剧情模板，在一段时间内按照模板拍摄短视频即可，在这种情况下没必要每次都形成正规的书面拍摄脚本，除非团队需要测试新的剧情模板、打磨新的拍摄脚本

表4-3没有包含一种情况，即团队成员的培训情景，也包括培训机构或高等院校的相关专业培训：出于培训目的按照脚本的模板要求，将拍摄的创意通过故事脚本和分镜脚本固化下来，用于指导短视频拍摄的实践。

总结来看，短视频团队在可能的情况下，应尽量通过细化的脚本固定创意，并用于指导现场拍摄。以良好的专业素养为基础，才可以保障团队稳定产出优质短视频作品。

▶ 故事脚本与分镜脚本的主要区别是什么？分镜脚本有没有固定模板？

视频脚本分为故事脚本和分镜脚本。故事脚本用于记录短视频编剧经过头脑风暴或深思熟虑形成的剧情梗概，并在此基础上进行细致的打磨修改，待完全定稿之后，形成分镜脚本；分镜脚本更接近于短视频制作的实际情况，可直接用于驱动和协调拍摄团队不同的岗位，完美复现之前所策划的内容情节。从这个意义而言，故事脚本更像是团队内部头脑风暴之后的备忘录，是制作分镜脚本的前期准备。

以上是从故事脚本和分镜脚本产生的过程及功能的角度，对二者进行的区分。在实际运用中，有些成熟团队可能跳过故事脚本，直接进入分镜脚本的撰写，以加快拍摄的进度；当然也有一些团队仅靠一纸故事脚本就开拍，这需要导演具有很强的现场掌控能力，或者短视频的时长很短，剧情已经形成了套路模板。这也是社交媒体平台上大部分偏剧情类短视频创作者的创作方法。

故事脚本和分镜脚本的格式模板如表4-4、表4-5所示。

表4-4 故事脚本的格式模板

序号	故事情节描述	备注说明
场景序号	1. 场景的基本描述：室内、室外、城市、自然景观、白天或黑夜等，情节发生的基本场景设定； 2. 此场景下的故事梗概，包括出场人物、故事或情节	音乐、音效或特别道具的说明

表4-5 分镜脚本的格式模板

序号	镜头时长	画面描述	文案	参考画面	参考音乐/音效
镜头序号或篇章序号	秒数	1. 拍摄场景的描述； 2. 画面内容的描述； 3. 镜头景别或拍摄手法的描述，如中景、近景、全景等	1. 旁白文案； 2. 字幕文案	最接近设想的画面参考或手绘画面参考	音乐类型或音效说明

故事脚本在实践中也可以采用 Word 文档或其他的形式记录,能够将故事梗概描述清楚即可,不必拘泥于形式。分镜脚本的模板应具备一定的标准性,通过表格的形式,按照镜头或篇章序号,描述每一个画面的详尽信息,尽可能减少设想与现实之间的误差,最大可能复刻短视频原始的创意设定。

▶ 分镜脚本与现场拍摄有了冲突怎么办?

这种情况经常发生,属于正常现象。在拍摄现场,导演或拍摄团队是可以对分镜脚本进行二次创作的。尤其是航拍短视频,现场涉及航拍条件的变化,因此更加需要根据情况灵活调整拍摄细节。

实际上,无论是短视频创作还是更加专业的影视剧创作,分镜脚本(包含剧本台词)都是允许拍摄团队或演职人员进行二次艺术创作的。其中的关键是把握尺度,原则上不能偏离分镜脚本太远,否则整个视频的创作就失去了原有的创意基础。表 4-6 列举了分镜脚本在拍摄过程中需要二次创作的各种情况,以供参考。

表 4-6　分镜脚本与拍摄现场的二次创作

分镜脚本修改类型	导致分镜脚本修改的现场因素	备注说明
轻微修改	1. 导演或拍摄者对拍摄内容的二次创作; 2. 演员对台词或表演细节的临场发挥	这种情况很常见,分镜脚本在实施中,几乎都会与最初规划有所差异
中度修改	1. 导演或拍摄者对原有创意的重要调整; 2. 现场拍摄条件发生变化,导致明显修改; 3. 无人机航拍路线因天气等发生改变	通常而言,要尽量避免这种情况的发生,应与编导进行沟通或遵照应对预案进行调整
重度修改	1. 现场导演或拍摄者对于原有创意内容的理解产生重大偏差; 2. 因演员、场地或其他拍摄条件导致原创意内容无法继续实施; 3. 无人机航拍的报备未通过,无法航拍或航拍路线出现阻碍,显著影响原有计划	这是极少发生的情况,现场拍摄与编导的策划出现重大偏差或现场存在不可抗力,导致原有拍摄计划受阻

表 4-6 中所列举的实际拍摄与分镜脚本的差异都有可能发生,而且分镜脚本被不同程度地修改都存在合理性,不能以简单的对错来评价。但是,因

现场导演或拍摄者对分镜脚本的理解出现偏差而导致的修改，无论程度如何，都需要避免出现。因为原有的分镜脚本是编剧建立在"网感"基础上的内容策划，现场导演或拍摄者贸然进行二次艺术创作，容易导致作品的播放数据不如预期。

如果拍摄现场的条件发生改变、航拍申请报备无法通过或者天气条件不允许等客观原因可能导致原有分镜脚本无法执行，团队或拍摄者需要在撰写拍摄计划的时候提前预估并制定替代方案，尽量减少既定拍摄素材的损失。"例如贵州文旅的项目，我们团队在完成所有的拍摄准备工作之后，通常会提前2天左右到拍摄现场，实地考察飞行路线，并查看天气预报，如有必要，我们会在当地有关部门的配合下，提前获得航拍飞行许可，并对最佳飞行路线进行预演，同时制定替代方案。"这是流氓兔视觉的罗宜威在谈及拍摄现场准备时，特别强调的项目执行原则。

AI 创作剧本在现阶段的成熟度如何？

从普通用户的视角来看，2023年是人工智能大爆发的元年，ChatGPT 的横空出世让 AI 在民用领域的应用迎来了里程碑，尤其为各种 AI 辅助的文案创作带来了巨大的想象空间。2024 年 2 月，OpenAI 发布了文生视频 Sora，更是掀起了一波生成式人工智能（AIGC）的研究与应用热潮。2024 年 4 月 27 日，清华大学与北京生数科技联合发布的文生视频 AI 大模型 Vidu（如图 4-4 所示），可根据文案生成 16 秒 1080p 分辨率的视频，全面对标 OpenAI 的 Sora，说明中国在 AIGC 领域保持高水平的追赶态势，这必将进一步加速 AIGC 的行业应用普及。

既然 AIGC 已经可以文生视频了，那么通过 AI 大模型进行视频脚本的文案创作，岂不更是手到擒来？实际上，无论是 AI 辅助创作视频脚本，还是类似于 Sora 的文生视频，从真正的行业实用角度来看，都难以满足需求。

例如，要求国内某大模型生成一段广州塔夜景的视频脚本，AI 很快就完成了视频脚本文案的创作。

图 4-4　清华大学和北京生数科技发布的 Vidu①

开场画面

镜头缓缓从广州的繁华都市夜景中拉近，高楼大厦的灯光闪烁，车流如织。

旁白："在这座充满活力和现代感的城市里，有一座塔，它不仅是广州的地标，更是无数人心中的梦想之塔——广州塔。"

广州塔特写

镜头切换至广州塔，从下往上，逐渐展现其雄伟的身姿。

旁白："广州塔，又称小蛮腰，以其独特的身姿和高度，成为广州的骄傲。"

广州塔夜景

镜头环绕广州塔，展现其璀璨的夜景。

旁白："夜幕降临，广州塔换上了华丽的晚装，灯光璀璨，如梦如幻。"

广州塔与珠江

镜头拉远，展现广州塔与珠江的交融之美。

旁白："与珠江相伴，广州塔在夜空中显得更加耀眼，仿佛是珠江上的一颗璀璨明珠。"

---

①　图片资料来自与 Vidu 相关的网络新闻报道。

市民与游客

镜头切换至塔下的市民和游客，他们或驻足观赏，或拍照留念。

旁白："无数市民和游客慕名而来，只为目睹这震撼人心的夜景，感受这座城市的魅力。"

广州塔的意义

镜头再次回到广州塔，画面渐渐模糊。

旁白："广州塔，不仅是一座建筑，更是广州的象征，是这座城市历史与现代的交融，是人们对美好生活的向往和追求。"

结尾画面

画面逐渐暗淡，只留下广州塔顶部的一点灯光。

旁白："夜幕下的广州塔，依然静静地伫立在这片繁华的土地上，见证着这座城市的变迁和发展。"

（视频结束）

在同一个AI大模型中多次提出同样的需求，每一次生成的脚本都不相同，不同的AI模型给出的"答案"也不尽相同。但是，这些脚本在多大限度上能够指导实际的拍摄，它们背后的创作逻辑是"网感"思维吗？表4-7说明了AI辅助生成视频脚本存在的问题。

表4-7 AI辅助生成视频脚本存在的问题

问题分类	问题说明
准确领会创作意图	AI在准确领会创作意图方面，仍力有未逮，不能做到如臂使指地生成符合预期的视频脚本，这也是当前生成式人工智能创作的难点。由AI生成的脚本可以启发人脑创意，但不能直接付诸使用
视频创意与播放数据	商业性的网络短视频需要的是播放数据带来的引流效应。当前，AI辅助生成的脚本无法对播放的结果负责，背后缺乏大数据的支持，难以取代具有"网感"的人工编剧
个性化与风格的差异化	AI辅助生成的脚本比较大众化，只是满足文字指令的语义相关，生成符合主题关键词的脚本，难以满足社交媒体平台对内容原创性和个性化的要求

关于 AI 生成视频脚本与大数据的结合，社交媒体平台也作出了相应的尝试。例如，抖音平台内部整合了 AI 辅助创作视频脚本的功能，结合抖音平台的短视频播放数据，针对性地按照指令生成"有可能"取得良好播放数据的视频脚本。此外，以抖音为代表的社交媒体平台强调了对 AI 生成内容的规范和管理，要求发布者应对 AI 生成内容进行显著标识，以帮助其他用户区分虚拟与现实。同时，抖音平台也禁止利用生成式人工智能技术创作、发布侵权内容，包括但不限于肖像权、知识产权等。因此，用户在使用 AI 脚本生成功能时，需要遵守平台的相关规范和要求。

总结而言，无论是 AI 辅助的文生视频脚本，还是文生视频，就当前 AI 的技术发展水平而言，尚不足以充分满足短视频内容创作的需求，加入大量人工创意的修正甚至重新创作，才能准确反映创意的原始设定。

第五章 无人机航拍短视频现场实施

基础知识

按照航拍短视频的制作流程，经过了团队组建、航拍器材配置、项目策划和脚本撰写，接下来就是现场实施部分。需要强调的是，航拍短视频的现场实施与传统短视频的现场实施存在很大差异，因为短视频的拍摄计划中加入航拍元素，进入现场实施之前和现场拍摄过程中会增加很多的工作内容，更涉及比较复杂的第三方沟通。图5-1为航拍短视频现场实施完整流程。

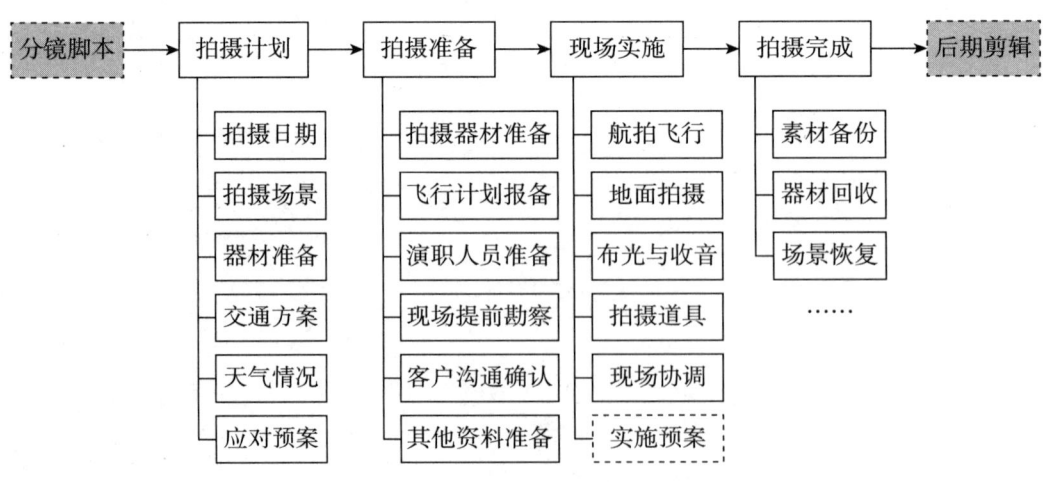

图5-1 航拍短视频现场实施完整流程

图5-1展示的现场实施流程针对的是所有类型的航拍短视频项目，尤其

是时长较长（1~3分钟）、客户定制需求（如企业定制或文旅类拍摄项目）或者主题涉及重大新闻事件报道（如花城航拍承接的重大社会新闻类项目）的航拍短视频。大多数商业流量型航拍短视频由于拍摄场景和内容简单，制作团队强调出片效率，现场拍摄不一定完全按照图5-1中所展示的流程。

制订拍摄计划

制订拍摄计划对于航拍项目的顺利实施非常关键，拍摄团队在进入现场之前有大量的工作需要完成和确认，因此需要制订详尽的拍摄计划。拍摄计划的制订需要经过拍摄团队内部会议讨论，按照分镜脚本详细确定实现拍摄效果所需要的准备工作，并形成书面计划固定下来，按照不同的岗位明确相应的职责。航拍短视频现场团队构成及其岗位职责如图5-2所示。

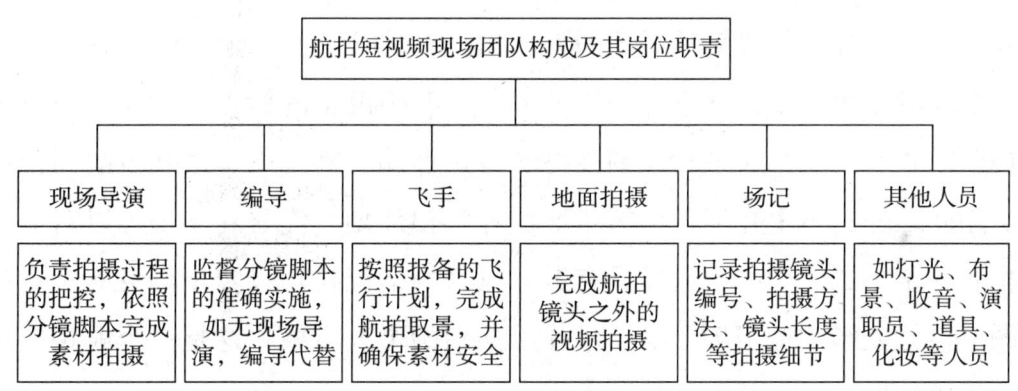

图5-2 航拍短视频现场团队构成及其岗位职责

1. 现场导演

航拍短视频拍摄也是需要现场导演的。他是现场拍摄工作的总负责人，居中调度现场的拍摄要素，如摄影师、演员、道具、灯光等，以达到理想的拍摄进度和画面效果。但用于网络传播的短视频项目，由于拍摄的内容比较简单，很多情况下拍摄团队都是简配的，甚至从选题到拍摄、后期剪辑、发布运营都是个人独立完成的。这种类型的短视频项目就不必拘泥于现场导演的配备了。

2. 编导

编导负责剧本的策划和创作，是短视频是否能成为"爆款"的第一影响因素。因此，编导需要参与现场拍摄，监督拍摄是否按照分镜脚本进行以及导演二次创作的边界，以确保既定的创意内容准确复现。内容和场景简单的短视频拍摄不需要现场导演，此时编导可以充当现场导演的角色，负责拍摄现场的调度和拍摄质量的把控。在成熟的短视频创作团队中，编导的职责边界还是很清晰的，主要负责脚本创意，不过多干预现场拍摄。

3. 飞手

飞手在航拍短视频的现场拍摄中是最为关键的角色。根据前文的阐述，飞手的岗位职责甚至会延伸到剧本的创意讨论阶段，毕竟有些航拍短视频的所有现场执行都是围绕航拍展开的，航拍镜头是唯一的视频素材来源。

在现场拍摄阶段，从飞行计划的报备、航拍设备的检查和前期准备、现场提前勘查，到航拍实施和视频素材的备份存储，都是飞手最基本的岗位职责。除此之外，飞手并不是机械式地执行航拍计划。优秀的飞手可以对分镜脚本有一定的二次创作，通过具有个人风格的运镜技巧以及现场灵光一现的构图、自然光影的运用等，赋予成片以强烈的个人风格。这是一个航拍短视频飞手更高层次的素养要求。

4. 地面拍摄

在纯粹的航拍短视频项目中，地面拍摄的角色是不必要的，但在短视频行业中，大部分作品的航拍镜头只是辅助角色，因此地面拍摄的岗位就显得尤为重要了。根据短视频项目的类型，地面拍摄从团队规模到拍摄设备都存在巨大差异。例如，一些时长较长、场景复杂、涉及较多演职人员的短视频，地面拍摄就是团队作战，灯光、道具、现场收音、场景转换等，均按照专业影视剧拍摄的标准实施。而对于讲求快速出片的大部分网络短视频而言，拍摄剧情已经形成了模板，场景和人物简单，通常一个摄影师通过手持稳定器，运用微单就可以完成所有的地面拍摄，不需要人工布光和专业收音。

地面拍摄同样可以对分镜脚本进行二次创作，通过镜头进行差异化的艺术表达，让作品带有显著的个人风格。而这正是各大社交媒体平台所鼓励的原创和差异化作品。

5. 场记

场记对于绝大多数的短视频项目而言并不是必需的，只有要求比较复杂的短视频拍摄才需要出动场记。场记在拍摄现场的职责类似于"记录器"，负责记录拍摄的场景和镜头编号、拍摄方法、镜头长度等细节，为后期剪辑及导演的补拍提供准确的数据记录。

场记通常需要准备场记板、场记单和剧本。场记板用于在每个镜头开拍时打板，上面记录摄像机将要拍摄的集数、场数、镜数。场记单则按照一定的格式，先写上集数、场数、镜数、条数，再写上拍摄的内容，最后记录时间码，并对导演满意的条数进行记录。剧本则记录导演对画面的要求，包括如何分镜、景别等，以及演员在这场戏中需要穿的衣物等细节。

除了上述职责外，场记还需要对拍摄的每一个镜头和导演及主要创作人员的艺术处理进行详细的记录，并对景号、镜号、拍摄内容、拍摄方法、镜头长度、演员的对话、服装、道具进行核对记录，以确保被分割的若干场景和众多的镜头能够顺利拍摄，为后期剪辑、配音提供数据和材料。

6. 其他人员

与场记一样，包含在"其他人员"的岗位应根据短视频项目的具体情况灵活处理。实际上，剧情类的短视频用到这些角色的可能性较大，而城市景观、自然风光、社会新闻报道类的短视频显然对于这些岗位的需求不大。

▶ 拍摄准备

对于航拍短视频项目而言，拍摄准备最关键的是飞行计划的报备和提前勘查现场，确保航拍无人机能够顺利完成预定的飞行计划。航拍的拍摄准备还包括无人机设备的提前检查，如无人机设备的良好率、电池电量、存储卡等。

除了飞行计划报备和设备检查，拍摄准备中比较重要的工作就是拍摄现场的提前勘查。在可能的情况下，至少提前1天到达航拍现场，勘查飞行路线，如有可能需要提前飞行一次，测试天气和航拍的取景效果，顺便提前拍摄记录一些素材，以备不时之需。"我们有一次接受了贵州文旅的委托，拍摄旅游项目的航拍视频，整个团队提前3天到达拍摄现场，演练了设定的航拍路线，拍摄了不少珍贵的素材，这些素材可以充当拍摄当天镜头素材的补充，为后期剪辑增加保险系数。"隆视觉在接受访谈的时候，谈及航拍现场提前勘察重要性时，做了上述表述。

如果是客户委托的拍摄项目，拍摄准备工作还包括跟客户确认拍摄计划以及客户给予的配合，双方需要对接拍摄的细节和流程。

关于拍摄的演职人员准备，如果短视频的剧情需要，演员或出镜人员需要提前到场，完成化妆、走位彩排等工作，等待正式开拍。

▶ 现场拍摄

对于航拍短视频项目而言，现场拍摄的最大挑战在于飞行的不确定性，航拍可能因天气、设备故障或其他限制条件受阻，需要提前做好替代方案。

对于场景和演职人员要求复杂的拍摄项目，现场拍摄需要完成不同部门的调度，如布景、灯光、现场收音等。对于一些场景、道具和演职人员要求简单的短视频，现场拍摄比较简单，按照分镜脚本执行即可。

▶ 拍摄完成

现场拍摄完成之后的工作也是比较烦琐的。其中，最为关键的是拍摄素材的存储和备份。如果现场不用直接做后期和发布的话，需要仔细把拍摄的视频素材复制备份至更加可靠的磁盘或服务器，避免素材损坏或丢失的情况。

拍摄完成之后的另一项重要工作是拍摄设备的回收和收纳,包括各种外围配件的清点回收,如电池或电池盒、线缆、灯具等细小物件,并由专人交叉查验,避免遗失在拍摄现场。

如有涉及场地租赁,拍摄完成后需要将场景复原,交还给场地方验收。

短视频的现场拍摄,尤其是航拍短视频的现场执行充满各种变数。拍摄时长越长的视频,拍摄现场的影响因素越多,需要拍摄团队成员各司其职,密切配合。航拍短视频由于涉及无人机的航拍,合适取景的时间窗口短、光线和气候场景复现难、重新拍摄的时间和资金成本高,因此更需要航拍团队做好充分准备以及拍摄现场的细节把控,争取把视频素材完整且安全地存放在存储盘中,夯实后期剪辑的素材基础。

案例展示

花城航拍:《见证世界之约,穿越 IFF 国际金融论坛永久会址》

如图 5-3 所示,该作品由花城航拍于 2023 年 10 月 26 日在官方视频号和抖音号发布,目的是宣传国际金融论坛(IFF)20 周年全球年会即将在南沙开幕,国际金融论坛的会址永久落在南沙横沥岛。本案例的拍摄对象正是新落成的国际金融论坛的会址。

从脚本创意的角度来看,本案例最大的亮点在于使用穿越机(FPV)的视角展示国际金融论坛永久会址的内部结构。这对于花城航拍而言是一个创新,因此在现场拍摄执行的时候进行了特别的准备。

在项目的前期准备阶段,花城航拍不仅要拍摄建筑物的外部形状,也要通过穿越机展示场馆的内部情况。拍摄团队前期与场馆的运营方进行了充分的沟通,针对可以拍摄的范围获得了足够的授权,包括航拍飞行路线的报备等。

扫码观看完整案例视频

图 5-3　花城航拍：《见证世界之约，穿越 IFF 国际金融论坛永久会址》

现场拍摄的执行中最大的挑战来自穿越机的使用。在现场执行环节，拍摄人员需与场馆运营方进行充分的沟通，如场馆的内部结构和穿越机飞行路线的选择、清空场地内的人员以及场馆内部的亮灯问题，以最大限度减少潜在的拍摄风险。为此，花城航拍团队在拍摄前 1 天到达场地，进行飞行路线的实地勘察。

总结而言，花城航拍的执行团队在拍摄本作品的过程中，有三点值得借鉴。

（1）本案例中的从白天到夜晚的镜头转换，甚至考虑到了长时间拍摄的延时效果。这需要团队提前考虑拍摄的时间周期问题。

（2）为了保证画面的效果，花城航拍需要挑选合适的天气，获得最佳的空气透明度、光影效果及蓝天白云的效果。这些虽属细节，但对于成片效果非常重要，高质量的一手素材客观上也降低了后期调色和特效的难度。

（3）作品独特的航拍运镜视角和画面构图，令人印象深刻，后期的特效剪辑也融入了巧思，如加入了英雄花——木棉花，以及配合建筑物灯光的音乐音符特效等。

隆视觉：江洪天光鱼市

如图 5-4 所示，隆视觉的这一案例属于典型的商业航拍短视频，于 2021

年8月17日在个人抖音号和视频号发布，保持了商业短视频擅长的节奏控制，达成良好的完播率。

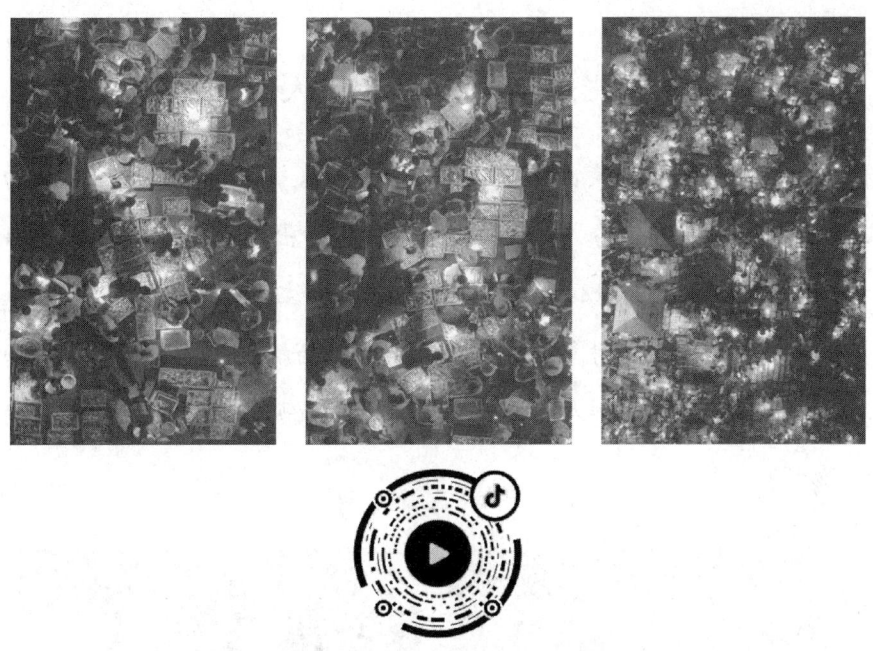

扫码观看完整案例视频

图5-4　隆视觉：江洪天光鱼市

江洪的天光鱼市位于广东省湛江市遂溪县江洪镇，每逢农历的初一、四、七，江洪渔港从凌晨3点开始就热闹非凡。8月17日恰逢2021年开渔节的第一个天光鱼市，人们打开手电筒或头灯，迎接着海鲜的上岸。从高处俯瞰，整个鱼市星光浮动，蔚为壮观。

从航拍的角度来看，本案例过顶俯拍的视角着重表现天光鱼市热闹非凡的场面，闪烁的灯光辅以密集的人群，独特构图带来了视觉的震撼，准确传递了天光鱼市远近闻名的热闹景象。成片短短13秒，在脚本创意方面显得较为简单。

本视频是由梁兴隆本人独立完成的，这也是隆视觉大部分作品的操作模式，因此在拍摄准备阶段和现场执行阶段相对比较简单，没有复杂的团队内部沟通；加之拍摄的地点无须进行无人机飞行报备，唯一需要关注的是时间容错率很低，即必须在8月17日凌晨3点开始拍摄，并且一次性拍摄成功，没有补拍的机会。这就要求拍摄者做好准备工作，如提前检查航拍设备、安排交通计划、避免人多车多的拥堵，包括提前现场踩点、规划飞行路线等。

影航映画：《海上巨人》

如图 5-5 所示，影航映画创作的《海上巨人》展示的是海上风力发电站的建设过程。作品时长 3 分 31 秒，这对于获得出色的播放数据是不占优势的。本案例拍摄现场的组织实施涉及海上大型工程的航拍，存在时间跨度长、现场施工复杂、拍摄对象无法自主调度、拍摄场景不可逆等问题。这些都需要拍摄团队提前制订详尽的拍摄计划，并做好各种应对预案，确保现场航拍一次成功。

扫码观看完整案例视频

图 5-5　影航映画：《海上巨人》

本案例的镜头画面中穿插了大量的穿越机（FPV）的画面，使得作品在视觉冲击力方面占据了较大的优势，但这也对现场航拍的组织实施提出了挑战，需要兼顾两种航拍设备和人员调度以及航拍飞行路线的规划等。

 **案例解读**

本章的三个案例代表了三种实施类型的航拍短视频作品。第一个是新闻报道的视角，属于传统短视频的路线，因此在作品的时长及拍摄团队构成、拍摄现场的准备方面体现了严密的规划性和完整性，类似的特征也体现在第三个影航映画的案例作品中。第二个案例是商业航拍的视角，个人色彩浓厚，从选题到航拍计划的执行，体现出高效和灵活的特点，尤其是拍摄现场需要考虑的因素比较简单，当然这与成片较短的时长有一定关系，13秒的作品本身需要的剪辑素材也比较少。

以上三个案例说明，不同背景、不同规模的航拍团队，在面对不同类型项目的时候，拍摄执行的准备工作及现场实施的差异巨大。我们应当充分理解这种差异性，而这对于前文阐述的团队组建同样也有参考价值，如根据经常开展的拍摄项目类型，合理搭配团队构成，避免过高的人力成本支出。项目类型、项目特点和现场执行的对应关系如表5-1所示。

表5-1 项目类型、项目特点和现场执行的对应关系

项目类型	项目特点	现场执行
中视频（3分钟以上）	团队配置较完整，策划、编剧和以导演为核心的现场执行团队，如道具、灯光、演职人员和场记等	类似于专业影视剧的拍摄，现场执行考虑因素最为复杂
短视频（1~3分钟）	短视频的主要类型，长度通常在1分30秒左右，对于策划和编剧的要求较高	拍摄现场较简单，不需要现场导演，以摄影师或飞手为核心
商业短视频（15秒左右）	商业引流型短视频的主力，选题策划和拍摄是关键，通常不强调剧情	现场主要考虑拍摄（航拍）条件，其他资源需求较少

需要说明的是，3分钟以上的视频不在本书主要探讨的范围内。因为这个长度的视频已经接近中视频的制作范畴，对于制作团队的配置要求比较全面，尤其是以导演为核心的现场执行团队，已经到了组建剧组的层面，涉

剧组现场运作的复杂因素。

作品时长在1~3分钟的短视频是本书探讨的主要类型。例如，花城航拍的所有案例的时长均在1分30秒左右，这是考虑了"剧情容量"和完播率的最佳平衡。这个类型的短视频也是社交媒体平台上剧情类短视频的主力。其现场执行考虑的核心是最佳拍摄条件的达成，如天气、航拍飞行路线、运镜技巧等，无须复杂现场执行团队的配合。

商业短视频考虑的是引流的效率，其关键在于选题和拍摄画面的吸引力，剧情不是主要的流量吸引点。隆视觉和流氓兔视觉不约而同地选择了航拍广州壮观的城市夜景，通过稀缺的航拍视角，配合广州城市地标的灯光制造视觉震撼，进而获取关注流量。这类15秒左右短视频的现场执行非常依赖摄影师的技能，而且大多一个人就可以完成，无须复杂的执行团队在现场。

航拍类短视频的现场执行必须考虑无人机飞行计划的不可控因素，并做好相应的补救或替代方案。天气原因可能导致航拍受阻，应提前查阅天气预报进行规避，重新挑选航拍日期；如果拍摄现场有突发天气状况导致拍摄受阻，为了航拍设备的安全，可以选择补拍的应对预案，不可强行飞行拍摄。

此外，在航拍项目比较重要以及时间容错率很低（不可补拍）的情况下，可以考虑多视角的航拍计划，即同时起飞多个无人机以确保获取航拍素材，或者安排地面拍摄提高视频素材获取的可靠性。

关于航拍的现场执行，飞手需要考虑合理的画面选择与构图，为后续特效剪辑留有足够的空间。这也是花城航拍的编导何欣盈在接受访谈的时候强调的："飞手需要具有一定的编导和后期思维，深度参与分镜脚本的讨论，并提前充分领会后期特效的意图，以便在航拍过程中通过选择合适的画面以及构图为后期特效增加创造空间。"在花城航拍的案例中可以看到航拍画面与后期特效的配合，无论是音乐特效与建筑物灯光的配合，还是建筑物外立面与木棉花的特效叠加，都要求飞手在现场航拍的时候预估后期特效剪辑的画面要求。

 **应知应会**

▌飞手如何对无人机航拍飞行计划进行报备？

影响航拍飞行计划执行的因素有两个：飞行计划的报备和现场飞行的不可控因素，如天气或场地条件限制等。其中，飞行计划的报备是一个航拍飞手的必备素养。2023 年 5 月 31 日，国务院、中央军委公布《无人驾驶航空器飞行管理暂行条例》，自 2024 年 1 月 1 日起施行。该条例规定了飞行民用无人驾驶航空器应进行实名注册登记。自此之后，中国无人机的飞行管理进入全国统一性管理的新阶段。

无人机航拍飞行计划报备涉及四个问题：什么情况下需要报备？向谁报备？报备什么信息？提前多久报备？接下来，我们会逐一解答。

第一个问题，什么情况下需要报备？理论上，所有的航拍飞行计划都需要向有关部门报备，而且关于航拍报备的规定会越来越严格、越来越完善，这顺应了我国民用无人机应用越来越普遍的客观现实。有时，飞手进行野外风光航拍或遇到有价值的素材需迅速起飞无人机拍摄，这些临时起意的飞行通常被称为"黑飞"，面临相关执法人员将无人机"打下来"或者被信号干扰的风险，严重的情况下，会造成无人机的损失。

总结来看，任何情况下的航拍无人机"黑飞"，在 2024 年 1 月 1 日新规施行之后，都会被纳入更加规范的制度管理框架之中，即便是那些擅长灵活出击的职业航拍飞手，也需要尽快熟悉和适应新的规则。

第二个问题，如果航拍飞行计划必须报备，向谁报备呢？2024 年 1 月，民用无人驾驶航空器综合管理平台（UOM）开始启用，这个平台是全国性的航拍无人机报备平台。此外，航拍无人机品牌大疆也有自己的报备通道，飞手可以通过 DJI FLY 进行飞行计划报备，效率高且方便。但目前这个平台只在个别地区开放，如上海、海南等，其他区域将陆续开通报备通道。

当前，还可以通过飞行辖区的派出所进行航拍飞行计划报备，由派出所来沟通相关部门和人员，将无人机的代码输入系统中，这样无论是手持干扰枪还是固定干扰装置都可识别报备的无人机，不会对这架无人机采取干扰措施。某些重大社会活动的航拍飞行计划必须以公司或单位名义报备，不接受个人申请。

第三个问题，飞行计划报备什么信息？通常，按照平台申报流程填写相关信息就可以了，除非涉及线下申报的情况，如涉及军事区域等敏感空域，需要向审核部门提供更加详细的信息。航拍飞行计划的报备信息主要有：申报机构或个人信息（飞手资质的验证）、飞行器型号、飞行时间和飞行区域以及审批机构需要的其他信息。

第四个问题，需要提前多久进行航拍飞行计划的报备呢？如果在网络上进行飞行计划报备，或通过派出所报备，通常提前一两天进行，3个小时内获得审批结果。但有些情况下的飞行计划报备需要提前很久，如黄山风景区需要提前7个工作日报备，包括飞行事由、申报单位或个人信息、飞行器型号、飞手资质、飞行时间和空域等。此外，如果飞行区域有可能涉及军事基地、敏感区域，报备需要提前更久，准备的资料也更加复杂。

▶ 如何规划航拍无人机的飞行路线？

航拍无人机的飞行路线规划也称为航线规划。需要强调的是，航拍无人机的飞行路线应当在申报飞行空域范围内，不得超出申报范围。航拍无人机的飞行路线规划非常重要，这是飞手顺利获取视频素材的基本保障，也能反映出飞手的构图素养和运镜风格。航拍无人机的飞行路线规划主要有四种方法，分别阐述如下。

1. 软件规划

通过航线规划软件可以提前设定无人机航线的关键点，绘制路径形成无人机的飞行路线。在实际的飞行中，只要将无人机起飞至安全高度，无人机就会按照事先导入的航线文件，自动飞行。

无人机航线规划软件可以有不同的选择。以大疆为例，大疆自身有航线规划功能，在大疆 PILOT 点击航线新建就可以进入航线规划流程，可以选择三种航线规划：航点航线、面状航线和带状航线，之后可以根据项目需求导入 KML 文件（一种记录运动轨迹的文件，记录每个点的经纬度、海拔信息），或者选择手动绘制飞行路线，完成后选择对应的机型，编辑采集的方式，如正射采集，根据实际情况选择航线飞行高度，自动返航等参数，保存成设定航线就可以了。当然，也可以选择其他的航线规划软件，如 Litchi 或 Pix4D capture 等。这些软件可以通过在地图上绘制路径线条，设置关键点等方式，制定无人机的航迹，并根据地形、障碍物等情况自动规划最佳飞行路线。

2. 预先飞行

预先飞行指飞手在前期勘察现场的时候，提前对飞行路线进行探索，通过观察地面和拍摄角度、画面对飞行路线进行调整，以达到最佳的拍摄效果。这种方式适用于相对陌生的拍摄场景，同时拍摄现场具备预先飞行的条件。

3. 参考航迹

对于已经被频繁拍摄的航拍区域，可以借用其他摄影师的飞行路线规划。这些飞行路线规划已经被验证过，虽然缺乏个性但安全可靠。飞手也可以参考前人的航迹进行微调，形成满足自身需求的飞行路线。适用于这种方式的场景：城市 CBD 或地标建筑、城市知名景点或航拍区域、知名风景名胜等。

4. 人工导航

人工导航相对比较简单，飞手到达航拍现场，直接通过画面监视器实时观看无人机拍摄画面，并根据创作意图，随时调整无人机的飞行路线，最终拍摄到自己预想的画面。在这种情况下，飞行路线完全依靠飞手的经验判断，飞手需要考虑天气、光照、地形等因素，实时观察摄录画面和地面、空中障碍物等情况，调整飞行路线和角度，以求达到最佳的拍摄效果。

飞手在规划无人机航拍的飞行路线的时候，需要注意飞行高度和速度的选择。过高的飞行高度容易导致画面缺乏细节，过低的飞行高度容易让画面过于密集，难以观看和后期处理。飞行速度的选择同样至关重要，过快的飞行速度可能导致画面抖动；过慢的飞行速度可能导致画面模糊。此外，在进行飞行路线规划的时候，一定要查看天气情况，尽量避免无人机在恶劣气象状况下飞行，确保飞行安全和拍摄效果。

▶ 在无人机航拍过程中，可能遇到的风险有哪些？

在设备状态良好的前提下，无人机航拍现场执行遇到的风险主要来自以下方面：飞行计划报备的潜在风险以及飞行过程中天气因素、现场飞行条件和偶发意外引发的风险。

飞行计划报备的潜在风险，具体分为两种情况：已经报备飞行和未报备飞行，即"黑飞"。第一种情况，已经报备并通过了的飞行计划，在航拍过程中并不是万无一失的，如无人机的识别码可能因人为疏漏未被输入管理系统当中，导致无人机的信号被干扰。这种情况虽然少见，但客观存在。或者，航拍飞行计划已经按照要求完成报备，但由于拍摄地点敏感，依然会遭到当地管理机构的干涉。此种情况大多是因为拍摄航线涉及高度敏感地区，需要额外的现场沟通协调。"我们团队有一次在东北边境拍摄当地文旅项目，飞行计划报备已经由当地文旅部门协调并完成了，但在航拍过程中遇到某部门人员的现场盘查，被没收航拍设备，并造成了设备的损坏。据了解，原航拍路线涉及军事基地，属于高度敏感空域，即便通过了飞行报备也不允许飞行。"这是一位接受我们访谈的航拍团队负责人分享的一则令人印象深刻的小故事。这也说明在航拍过程中会遇到各种各样的突发状况，需要航拍团队灵活处置，尽量降低设备或视频素材的损失。

关于"黑飞"，前文阐述得较为详细，理论上所有的航拍飞行计划都要报备并审核通过，现实中灵感突现或灵活发起的航拍飞行会引发"黑飞"状态下的潜在风险。

除了飞行计划报备具有的潜在风险之外，航拍过程中的其他风险来自三个方面：天气因素、现场飞行条件及偶发意外。天气因素对于航拍的影响不言而喻，但这个问题具有两面性，恶劣或极端天气虽然会给飞行器材带来风险，但稀缺的航拍视频素材的商业价值更高，也能满足此类航拍飞手的情绪价值。大多数情况下，航拍项目都需要在正常的天气条件下实施，虽然在确定拍摄日期的前提下可以查阅天气预报，但到了飞行现场天气状况也许会有变化，而且这个因素不受控，应对预案只有等待或更换拍摄日期。

现场飞行条件指场地的物理空间，包括室内和室外场地的物理空间。有些情况下，现场的物理空间会经过人为的布置有所改变，如会场装饰、空飘、架空的通信线路、地面摄影摇臂等，这些都会对航拍飞行路线产生影响。如果采用穿越机（FPV）进行拍摄，飞手更加需要详细了解飞行路线上的遮挡物，尤其是拍摄现场的人员活动情况，以免发生碰撞风险。

偶发意外包括设备故障和现场条件突发改变。航拍无人机毕竟是相对复杂的电子设备，加之经常在户外运作，难免会出现偶发的运行故障，或人为疏忽导致电池、存储卡、信号丢失等问题。应对此类潜在风险的方法只有一个——加强平时和拍摄前对设备的检修维护。航拍现场条件突发改变，主要存在于客户定制的航拍项目中，甲方可能在拍摄现场提出新的需求，或因其他原因改变航拍飞行路线，如现场增加空飘或展览架等可能影响飞行路线的装置。正确的应对方式是备用无人机视角以及加强与客户的沟通，确保满足客户对拍摄画面和效果的预期。

第六章　无人机航拍飞行技巧

基础知识

即便是航拍应用如此普及的今天,航拍无人机的飞行仍是一个技术活。飞手不仅需要具备专业资质,还需要有个人风格,更加需要有摄影的构图和美感素养。这些能力的获得既基于理论学习,又离不开大量的实操经验积累。总而言之,一个带有强烈个人风格的优秀航拍飞手是稀缺的。本章从航拍无人机的飞行技巧切入,详细阐述航拍飞手能力成长的三个阶段,以及不同阶段对于飞手的素养要求。

航拍无人机飞手资质

要想成为一名商用航拍无人机飞手,首先要取得资质认证。飞手获得资质认证不仅是安全飞行的需要,也是进行飞行计划报备的需要,便于相关部门对无人机飞行的实名制管理,落实飞行的相关风险责任。与航拍无人机飞手有关的资质认证共有五种,如表6-1所示。

表6-1　航拍无人机飞手资质类型、发证机构、权威度及适用范围

资质类型	发证机构	权威度及适用范围
CAAC	中国民用航空局,国内最权威的无人机飞行执照管理机构	权威度最高、适用范围最广,适用于所有商业拍摄

续表

资质类型	发证机构	权威度及适用范围
AOPA	中国航空器拥有者及驾驶员协会	在 CAAC 执照出现之前最权威的无人机飞手资质认证，2018 年之前最为普遍，适用范围比较广
ASFC	中国航空运动协会	适用范围比较窄，仅限于航模体育运动领域，无法适用于商业航拍或其他专业无人机作业场景
UTC	大疆慧飞和中国航空运输协会	大疆无人机体系内的权威认证，在大疆无人机占据市场竞争优势的背景下，适用范围比较广泛
ALPA	中国民航飞行员协会	2024 年 9 月 19 日起暂停发放。已持证用户在证书有效期内（通常为 2 年）仍可正常使用，但不可用于空域申报、商业竞标等官方流程

1. CAAC 执照

CAAC 即由中国民用航空局（Civil Aviation Administration of China，CAAC）颁发的民用无人驾驶航空器操控员执照，是唯一的国家政府机关颁发的执照，也是目前市场上含金量和权威度最高的执照。拥有 CAAC 执照的无人机飞手可以在中国境内合法从事无人机飞行工作，如商业航拍、影视制作等，同时也可以申报空域、申请航线。需要说明的是，CAAC 执照是电子执照，可以通过 UOM App 随时查验。

CAAC 执照考试报名条件：年龄 16~70 岁，并具有初中以上文化程度。考试科目：理论考试和实操考核以及综合问答，实操考核包括模拟器操作、无人机自旋、8 字飞行等。通过考试之后，通常在 30 个工作日内可以拿到 CAAC 执照。

2. AOPA 合格证

AOPA 合格证即由中国航空器拥有者及驾驶员协会（AOPA-China）颁发的民用无人机驾驶员合格证。在 2018 年之前，AOPA 是最权威、使用范围最广的航拍无人机飞手资质证明。

AOPA 合格证的考试科目同样分为理论考试和实操考核以及综合问答，具体内容类似于前文提到的 CAAC 执照考试。需要说明的是，AOPA 合格证的考试难度稍低，如民航局 CAAC 执照考试的视距内合格线：综合问答 7 分，理论 70 分，超视距合格线：综合问答 7 分，理论 80 分；AOPA 合格证的视距内合格线：综合问答 6 分，理论 60 分，超视距合格线：综合问答 6 分，理论 70 分。

AOPA 合格证分为七个级别，从私人应用到专业应用不等。不同级别的证书考试难度不同，因此费用也会有所不同。

AOPA 合格证分为电子版和实体证件，微信搜索小程序"无人机驾驶电子合格证"可申请，平均制证周期约 30 天，如果不申请实体证件，是无法登录系统查看合格证的。

3. ASFC 执照

在所有的无人机飞手的资格认证当中，ASFC 执照的应用范围最小。ASFC 执照即由中国航空运动协会颁发的遥控航空模型飞行员执照，只适用于小型或微型无人机（航模）的飞行，其承认范围仅限于无人机体育竞赛，不能用作商业行为。

4. UTC 合格证

UTC 合格证即由大疆创新旗下慧飞无人机应用技术培训中心（UTC）颁发的无人驾驶航空器系统操作手合格证。该证书适用于行业应用，如无人机航拍、无人机农业植保等，也可以用于商业航拍领域。由于 UTC 合格证的适用范围较单一，考试也相对简单。

5. ALPA 合格证

ALPA 合格证即由中国民航飞行员协会（ChALPA）颁发的民用无人机操控员应用合格证书，2024 年 9 月 19 日起暂停发放。已持证用户在证书有效期内（通常为 2 年）仍可正常使用，但不可用于空域申报、商业竞标等官方流程。

总结而言，从当前无人机飞手的资格认证趋势来看，最权威的当数

CAAC 执照。在条件允许的情况下，建议新加入的航拍无人机飞手直接考取 CAAC 执照。

航拍无人机飞手的飞行技巧

常规飞行技巧方面，飞手应当检查无人机的电量和信号强度，选择开阔地带和在天气良好的情况下起飞（风力≥5 级不建议起飞无人机），同时无人机在拍摄飞行中应避免靠近金属建筑物、电线和信号发射塔等，避免造成无人机信号干扰甚至"炸机"（无人机失控坠毁）。航拍新手需要在 App 上进行设置，限制飞行速度、降低操作敏感度、调慢云台俯仰操作，夜间飞行拍摄时需要关闭导航灯，以避免光污染。

更高阶的航拍无人机飞行技巧，如飞行航迹和运镜的操控技巧，就需要飞手在日常训练或项目实践中勤加练习，多加体会了。下文展示的常用飞行技巧或运镜方式，仅适用于航拍无人机，穿越机（FPV）的飞行技巧不在本书讨论的范围之内。

1. 扫描式拍摄

扫描式拍摄即从想要拍摄的主体的一端匀速飞到另一端，镜头没有变化。这个技巧很好掌握，后期做升格、时间重映射也会很方便。例如，从建筑物的底部扫描式拍摄到建筑物的顶部，无人机保持镜头不变，垂直升高。

2. 90 度俯拍

90 度俯拍主要用在较为规整的地面俯拍镜头上，能够用鸟瞰视角把地形地貌及景观布局很好地呈现，并且带有叙事性的渲染效果。这种拍摄方法也能最大化地呈现无人机航拍的视角优势。

3. 贴地飞行

贴地飞行适合于地面比较平整、无杂物的环境，无人机以贴地飞行的姿态，将镜头推近拍摄主体，充分体现了无人机视角的优势。

4. 越景观飞行

越景观飞行即无人机在飞行中，越过人群或者前景的顶部，如建筑物的顶部，获得一种豁然开朗的画面感觉，效果比较震撼。

5. 越前景飞行

与越景观飞行类似，越前景飞行即在拍摄主体景物之前，用前景进行过渡，飞跃前景的侧面，将镜头推向拍摄的主体，在视觉上营造一种很好的转折效果。

6. 穿梭飞行

穿梭飞行类似于穿越机（FPV）的运镜特点，低空穿过建筑空间、桥梁、树林、山峰等，通过相对狭窄的空间，获得一种具有紧张感的临场镜头。需要注意的是，这种飞行技巧需要飞手具有相当丰富的无人机操控经验，新手飞手应慎用。

7. 跟随拍摄

现在的无人机比较智能，具有跟随拍摄功能。无人机会跟随设定的主体自主飞行，如跟随运动中的人物、汽车、自行车等。使用无人机跟随拍摄功能的时候，需要注意拍摄的环境有无障碍物或遮挡物，注意飞行安全。

8. 对向拍摄

对向拍摄即通过镜头与被摄物体的对向运动来获得令人紧张刺激的镜头，一般多用于拍摄高速运动的物体，如赛车、摩托。这个技巧的难点在于与被摄物体距离越近效果越好，但要十分注意无人机不能撞上拍摄主体。

9. 背飞拉镜

背飞拉镜即伴随着无人机的后飞慢慢拉升镜头，直到整个被摄物体及壮观的背景出现，再加上一个淡出的效果，就完美收尾了。在使用这个技巧的时候，一定要注意无人机背后是否有高大的建筑物。

10. 兴趣点环绕

在大疆无人机上，这种飞行模式已经内置在飞行控制系统中。无人机可以通过手动或者一键环绕实现环绕拍摄被摄物体，这种手法主要用于交代被摄物体和环境的关系。

航拍无人机拍摄视频素材与传统摄影艺术类似，光线和天气对于航拍画面的影响非常关键，最好选择早晨或傍晚的光线。即便是晴天，也要选择有些云朵的天气，这样光比不会太大，而且天空中的画面会比较柔和，画面效果会好。

▶ 航拍画面的构图美学

航拍画面的构图美学与传统平面摄影是一致的，航拍可以看作平面摄影的"空中视角"。

均衡或对称式构图：适合于表现对称的物体、建筑、江河湖海，能够展现稳定、和谐、宽阔的感觉（图 6-1、图 6-2、图 6-3）。

图 6-1　对称式构图 1

图 6-2　对称式构图 2

图 6-3　对称式构图 3

中心或向心式构图：主体处于中心位置、四周景物呈朝中心集中的构图形式，能将人的视线引向主体，并起到聚集的作用，具有突出主体的鲜明特点（图 6-4）。

图 6-4 中心式构图

垂直式构图：这是航拍独特的优势，类似前文提到的"扫描式拍摄"手法，操控无人机沿着拍摄主体，如建筑物、山石、瀑布等，垂直移动，展示拍摄主体的高大巍峨，后期可以通过升格或降格营造特别的氛围（图6-5）。

图 6-5 垂直式构图

对分式构图：将画面左右或上下分为 2∶1 的两个部分，形成左右呼应或上下呼应。其中，画面的一部分是主体，另一部分是陪体，常用于表现人物、运动、风景、建筑等题材（图6-6、图6-7）。

线条式构图：适合航拍场景有明显的视觉引导线，如河流或者山峰的走向、建筑的曲线、道路等，都可以形成直线、曲线或交叉线的构图。这种构图比较具有动感和韵律感，适合展现拍摄主体的韵律美。

图 6-6　对分式构图 1

图 6-7　对分式构图 2

　　航拍飞手可以结合自己对美的理解及拍摄主体的类型，在航拍过程中灵感突现式创造更多的构图方法，形成个性化的画面风格。

　　从视觉的感知来看，画面的构图属于美的一部分。另外，航拍画面的美还来自光影的运用。但是，与平面摄影不同的是，航拍绝大部分只能依靠天然光线或建筑物的人造光，所以应尽量运用早晨或傍晚的拍摄窗口时段，或者类似隆视觉和流氓兔视觉借用极端天气带来的极端光影条件、建筑物夜景的光照条件。

　　除了构图和光影的运用之外，后期调色和特效也是航拍画面美学的重要构成。借助功能日益强大的视频后期软件及丰富的滤镜插件，可以方便地为原始视频素材增加独特的色彩甚至光影,营造独具美学风格的航拍视频画面。

总而言之,作为一名航拍无人机的飞手,从"拍到就好"到"拍美才好",这是一个对运镜技巧不断磨炼、对构图美学不断揣摩的自我修炼过程,也是无人机航拍这个领域专业竞争的发展趋势。

 **案例展示**

花城航拍:广州 2024 全球招商宣传片

如图 6-8 所示,2024 年 4 月 9 日,花城航拍通过广州市广播电视台发布了广州 2024 全球招商宣传片。这是一条长达 4 分 59 秒的视频。这种时长在社交短视频平台中比较少见,播放数据也一般,但本作品的航拍镜头无论是在运镜、构图、画面光影、后期动画特效还是调色方面都可圈可点。尤其是在运镜和剪辑节奏的配合方面,充分传达了广州全球招商积极昂扬的调性,让观众在看到广州取得的经济和城市建设成果的同时,对广州未来的发展也充满了信心,准确、圆满地完成了本作品所承担的新闻报道的使命。

隆视觉:《广州的夏天》

《广州的夏天》是隆视觉发布于 2024 年 5 月 9 日的一个时长 37 秒的商业航拍短视频。隆视觉在拍摄时机方面,挑选了广州白云袅袅的晴天,并通过后期色彩调整,提升了色彩饱和度。航拍无人机穿梭在广州 CBD 的高楼大厦中,展示了一幅幅广州繁荣城市现代风貌的高清大片,给人以美的视觉享受(图 6-9)。

扫码观看完整案例视频

图 6-8　花城航拍：广州 2024 全球招商宣传片

扫码观看完整案例视频

图 6-9　隆视觉：《广州的夏天》

案例解读

花城航拍广州 2024 国际招商宣传片值得学习的是运镜技巧，即无人机飞行路线的设计；而隆视觉的《广州的夏天》值得关注的是片子中的构图美感和后期调色。

针对特定项目的航拍飞行路线和运镜风格、节奏，不仅取决于飞手技术层面的能力，也取决于项目策划和创意的调性。例如，花城航拍的广州 2024 全球招商宣传片，在调性方面需要强调广州这座城市的恢宏气质和广阔的发展前景。这种调性反映在片子的航拍运镜和节奏把控方面需要适当运用升格，即慢镜头的处理方式，使画面的节奏与背景音乐相得益彰。

图 6-10 所示的画面是广州 2024 国际招商宣传片的开场部分，巧妙运用了"门"的元素，将"门"与"开放"结合起来，通过穿越的镜头映射广州百年来的近现代开放的历程。花城航拍在设计这一系列航拍运镜的同时，赋予了镜头画面更深层的含义。这是花城航拍作为新闻传媒机构独有的优势，即善于运用镜头画面传递表象背后的故事或者深意。

图 6-11 所示镜头在航拍运镜方面采用了"兴趣点环绕"——画面围绕着广州赤岗塔旋转。这样的旋转将广州塔与赤岗塔进行了同画面对比，反映了广州作为千年商都的历史演进，寓意传统与现代的永续传承以及广州这座古老的商贸之城在未来的发展前景。

通过上述案例可知，花城航拍的航拍镜头设计总是与背后的故事、寓意相关联，画面的联想度十足。这种手法比较适合表现宏大的短视频主题。

隆视觉的《广州的夏天》航拍的运镜技巧相对中规中矩，但拍摄主体和天气条件的选择比较取巧。首先，画面的拍摄主体均是广州知名的地标式建筑，能够代表广州天际线的现代建筑群；其次，拍摄的天气条件阳光明媚，蓝天白云令人心旷神怡；最后，后期调色通过增加清晰度、去除薄雾和调高对比度，让整个画面更加通透，天空更加湛蓝。隆视觉对画面的后期处理为本片增色不少。

图 6-10　广州 2024 全球招商宣传片的"穿越之门"

图 6-11　广州 2024 全球招商宣传片的"现代与传统"对比

但是，隆视觉在本案例中所有的航拍运镜都基于画面构图和美学需求，其所表达的仅为观众所看到的，片子缺乏更深层次的人文内涵，可解读性不强。"隆视觉之前主要依靠拍摄广州地标建筑的夜景获得关注和流量，一开始账号的流量增长非常迅猛，近年来这样的创作思路也逐渐遇到了瓶颈。究其原因，一方面航拍广州城市夜景的作品越来越多，其中不乏一些更加优秀的作品。另一方面观众也有审美疲劳，仅看城市夜景的航拍已经没有了当初的新鲜感,所以未来我的创作风格也需要调整,增加一些人文精神的内涵,让作品更加耐看,更引人思考,而非简单的航拍运镜的炫技。"梁兴隆对于隆视觉未来的经营方向也提出了新的思路,并开始验证新的创作理念,以期再一次找到独属于自己的流量密码。

解读以上两个案例我们可以发现,真正决定航拍飞行技巧或运镜风格的不只是飞手的飞行技术,还有短视频内容。航拍飞行技巧必须服务于短视频的内容表达,这一点在花城航拍创作的广州2024全球招商宣传片中得到了完美的体现。其大量的航拍运镜都融入了广州经济社会文化发展的"符号"对比,如"门"与"开放"的隐喻、古塔与广州塔的对比等,充分践行了内容决定运镜的原则。

什么是无人机飞行的视距内和超视距?

视距内飞行指无人机的操作半径≤500米且人机相对高度≤120米。通俗点来说,即无人机飞行始终处于飞手的目视范围内,飞手可以直接看到无人机的飞行状态以及调整飞行路线。超视距飞行,顾名思义,无人机飞行在飞手的目视距离之外,操作半径>500米或人机相对高度>120米。飞手只能通过监视器或者地面站获知无人机的飞行状态,通过提前制定飞行路线或根据监视器及时调整无人机的飞行状态。

民用航拍无人机通常都是视距内飞行的。某些高端的民用无人机可以支持视距外飞行,但需要飞手具备更加专业的复杂航线规划能力,因此视距内和超视距无人机飞手的资格认证也是有区别的。以AOPA合格证为例,视距内(VLOS)飞手在完成理论课程的学习之外,需要不低于44小时的飞行培训,飞行的实操考试采用无人机的GPS模式;超视距(BVLOS)飞手也被称为"机长",其飞行培训时长不低于56小时,飞行实操考试采用姿态模式，而且除了基础的飞行技能培训之外，还需要学习地面站操作和航线规划等高级课程，具备航线规划的实操能力。机长资格证获得者适合执行复杂的飞行任务，如无人机野外巡检、物流运输、远距离救援、森林火灾监控等。表 6-2 列举了视距内和超视距驾驶员的差异（以 CAAC 执照为例）。

表 6-2 视距内和超视距驾驶员的差异（以 CAAC 执照为例）

资质类型	视距内	超视距（机长）
飞行范围	半径 500 米，高度小于 120 米	半径可以超过 500 米，高度可以大于 120 米
控制方式	遥控器操纵	遥控器或地面站操作
理论分数	≥70 分	≥80 分
考试科目数	3 科	4 科（地面站操作）
培训周期	25 天	30 天
应用场景	航拍短视频、航拍直播、影视拍摄等	野外巡检、救援、物流、农业应用等

额外补充一点，CAAC 执照的最高等级是教员执照，兼容超视距（BVLOS）机长的所有权利，同时还可以担任无人机驾驶培训机构的教学工作，类似于汽车驾校的教练，教授学员无人机飞行的理论、法律知识及带领学员进行无人机飞行的实操训练。

▶ 航拍无人机在飞行中会遇到哪些风险及如何应对？

应该强调的是，无人机在飞行过程中会遇到各种风险，甚至会造成人身伤害或设备损毁。飞手必须在充分了解所有飞行风险的前提下，建立起牢固的安全操作意识，并形成良好的飞行习惯。

从结果来看，最严重的飞行风险是俗称为"炸机"的飞行事故，即无人机失控发生撞击或丢失，设备产生不可修复的伤害。近年来，随着无人机在民用市场的普及，大量的无人机爱好者涌入这个领域，甚至很多无人机操作员在没有取得资格认证的前提下"黑飞"，进一步增加了航拍无人机"炸机"事件的发生概率，甚至发生无人机撞伤人等严重事故。造成这类飞行事故的根本原因是飞手对于无人机的操控经验欠缺外加飞行环境的影响，如信号干扰、天气恶劣或存在障碍物等。解决方法除了增加无人机操控训练以外，还有充分了解航拍无人机的飞行环境中的隐藏风险。

天气条件是必须首要考虑的飞行风险。恶劣天气条件主要表现为大风、雷电及下雨，这三种天气状况容易导致无人机操控失灵、电子元器件受损。

信号环境是导致无人机飞行风险的另一项因素。无人机的信号环境风险包括两种情况。第一种情况是无人机受到人为主动信号干扰，这种通常是无人机管理人员用"信号枪"或干扰站进行的信号干扰，其原因自然是"黑飞"，即飞行计划没有申请报备，当航拍无人机到达受控空域时，控制信号被干扰。现在管理人员通常会对"黑飞"进行警告式干扰，有经验的飞手发现无人机操控不灵敏，就会意识到被"打"了，此时转为姿态模式操控无人机到安全空域降落即可，避免炸机。

无人机通常有几种飞行控制模式。以大疆为例，其飞控模式有三种（其他品牌的无人机也类似，只是飞控模式的名称不同），具体如下。

1. GPS 模式

GPS 模式在大疆无人机上称为"P 模式"，可利用无人机的 GPS 模块或多方位视觉系统实现精确悬停、指点飞行、航线规划。这一模式也是最常用的模式，适合不同阶段的飞手使用，尤其是新手。

2. 运动模式

运动模式在大疆无人机上称为"S 模式"。该模式也是运用无人机的 GPS 模块和多方位视觉系统实现精确飞行和姿态控制。与 GPS 模式的区别在于，运动模式操控的灵敏度更高、速度更快。因此，该模式适合熟练的飞手使用，新手慎用。

3. 姿态模式

姿态模式在大疆无人机上称为"A 模式"。在该模式下，无人机不使用 GPS 模块和多方位视觉系统，仅提供内置姿态增稳算法控制，因此无人机会出现明显的飘移，无法悬停，需要飞手通过遥控器不断修正无人机姿态。姿态模式考验的是飞手对于无人机的操控能力，新手需要反复练习并掌握这一技能，以便在一些紧急情况下，如GPS信号丢失或减弱、指南针异常、环境障碍物遮挡信号、无人机受到信号压制等，切换至姿态模式或手动控制模式，转移无人机至安全空域或降落到安全地带。

无人机信号环境风险的第二种情况是，飞行路线或空域比较靠近高山、高压电线、信号发射塔、大面积的水域、桥涵或高楼大厦等，这些都会对无人机的控制信号产生干扰或者遮挡，导致无人机控制不灵敏，甚至失控。化解此类飞行风险的方法很简单：飞手在规划飞行路线和空域的时候，应避开以上飞行环境，选择安全合理的飞行路线。

除了外部环境导致的飞行风险之外，航拍无人机的飞手在每次飞行之前，还需要仔细检查设备，尤其是电池的电量和存储卡的情况。电量过低容易导致无人机控制失灵或无法返航；存储卡出现问题导致拍摄素材丢失，对于某些不可复现的重要拍摄活动，这是很严重的后果。飞手在起飞前务必检查存储卡是否插入，并提前测试存储卡的功能。

作为航拍无人机的一个分类，飞手对于穿越机（FPV）的飞行风险要给予足够的重视。穿越机（FPV）飞行速度快、高度灵活、全手动控制，经验不足或心理素质不佳的飞手容易操控无人机发生碰撞甚至伤人。

飞手的心理素质也是导致飞行风险的因素之一。很多新手在航拍飞行中，遇到情况就手忙脚乱，导致无人机操控幅度过大，进而发生撞击或失控。不过现在的无人机产品基本都内置了防撞程序，借助无人机的多方位视觉系统，能最大限度避免撞击周围物体的风险。

关于航拍无人机飞行中的安全问题，飞手谨记：飞行有风险、航线要报备、设备价不菲、日常勤保养、操控需小心、心理素质佳、经验慢累积，一定要做到在安全范围内飞行。

▶ 飞手如何培养独具个性的运镜风格？

从某种意义而言，航拍飞手是用无人机镜头"作画"的艺术家，也是用航拍镜头"讲故事"的导演。让航拍镜头画面更有创意和辨识度,将故事讲得更有吸引力,是爆款航拍短视频诞生的重要基础。

运镜风格是飞手针对特定的拍摄主体所设计的无人机飞行路线、飞行动作控制,以及在此基础上形成的镜头构图、光影运用等视频画面风格。运镜风格体现飞手基于短视频分镜脚本或领会编导意图之上的二次创作,无人机的镜头就是创作工具。航拍飞手运镜风格的构成如表 6-3 所示。

表 6-3 航拍飞手运镜风格的构成

运镜风格的构成	内容说明
飞行路线	飞手按照短视频分镜脚本以及现场情况,如建筑物、自然景观、天气因素等,基于对片子的整体理解,设计无人机的详细飞行路线
镜头设计	飞手在飞行过程中对于镜头运动类型的设计,如越景观飞行、背飞拉镜、对向拍摄、兴趣点环绕、扫描式拍摄等,这些最能够反映飞手的运镜特点
画面构图	通过飞行路线和镜头设计,结合镜头的不同焦段,按照美学基本原理,设计独特的画面构图风格。这对于飞手而言是高阶的要求,需要一定的天赋和大量练习
光影运用	根据拍摄的主体和场景,最大化运用自然光线,如晨曦、晚霞、蓝天白云、丁达尔光等,营造独特的航拍画面美感
叙事节奏	这是飞手运镜风格的高阶要求,即在分镜脚本基础上,通过运镜的细节设计,控制"讲述故事"的节奏感,为后期剪辑留下充分的发挥空间

从实践的角度,航拍飞手的运镜风格通常表现为稳健风格——飞得四平八稳,镜头运用比较中规中矩;有些飞手的运镜则表现得比较激进,甚至飞出了穿越机的感觉,镜头画面的刺激感比较强;还有一些飞手擅长拍摄特殊光影下的景象,赋予画面独特的色彩美感等。那么,航拍飞手应如何培养自己的运镜风格,即飞手在形成自己运镜风格的道路上,要经历怎样的成长阶段呢?图 6-12 揭示了飞手运镜风格形成的四个阶段。

运镜风格形成的第一阶段是训练飞行技术,这奠定了飞手运镜风格的基础。这一阶段要求飞手能够熟悉和挖掘手中的无人机性能,通过大量的练习,在安全飞行的基础上,将无人机控制得如臂使指,熟悉每一种"特技飞行动作",根据拍摄对象和主题以及自己的理解,操控无人机的"推拉摇移",实现不同风格的镜头设计。

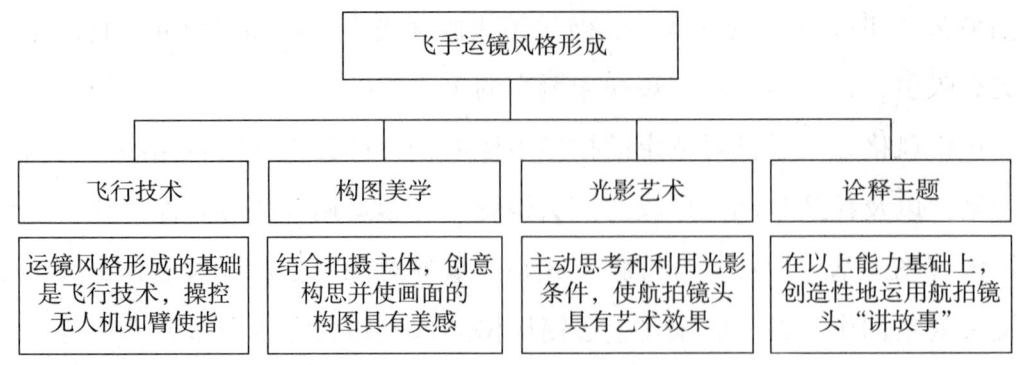

图 6-12 飞手运镜风格形成的四个阶段

运镜风格形成的第二个阶段是注重构图美学。这类似于平面摄影师的"摄影眼"的训练。航拍飞手通过移动的镜头拍出符合美学规范的画面，这需要一定的美学天赋及大量的练习。有些航拍飞手之前的身份就是平面摄影师或者设计师，因此在画面构图方面具有天然的优势，如本书采访的隆视觉主理人梁兴隆就是平面设计师出身，擅长平面摄影和广告设计，这对于隆视觉航拍作品的画面构图也是很有裨益的。本书的另一位被采访者流氓兔视觉主理人罗宜威，是广州知名的"爬楼党"，经常在建筑物楼顶拍摄广州的天际线和极端天气，其平面摄影功底相当深厚。

运镜风格形成的第三个阶段是追求光影艺术。构图美学叠加光影的运镜手法通常运用在城市景观、自然风景的拍摄主题当中，如选择早晨或傍晚的黄金 15 分钟拍摄，抑或火烧云、乌云压顶、闪电等特殊天气景观拍摄，再或者利用人造光线，拍摄城市的夜景或建筑物夜景等。运用光影在自然风景的航拍中更是不可或缺的，自然光影可以为自然景观增加独特的视觉效果，使之从众多类似的景观航拍素材中脱颖而出。航拍飞手有意识地运用光影以及善用光影，勤加练习就会形成特定的运镜风格和个人标签。需要说明的是，光影效果还需要通过视频素材的后期调色加以放大，甚至特定的调色风格也会成为航拍飞手的个人风格标签。

运镜风格形成的第四个阶段是通过镜头诠释主题。无论是时长 15 秒左右的商业航拍短视频，还是 1 分 30 秒以上的剧情短视频，都可以在有限的时间空间内，诠释拍摄的主题或者故事情节。这考验的是飞手镜头语言的运用和节奏的控制能力。通过航拍运镜的画面选择、飞行技巧、速度决定镜头节奏变化，辅以后期剪辑，配合旁白、背景音乐把短视频的故事诠释得更加充分且有吸引力。总而言之，通过运镜讲述故事，是对航拍飞手运镜技术的最大考验，也是航拍飞手形成自己独特风格的最高境界。

一旦短视频的分镜脚本确定，这个片子的命运在很大限度上就交到了飞手的手中。飞手在通过个性化的运镜风格为片子打上个人标签的同时，也赋予片子独特的魅力。因此，飞手好的运镜绝不仅仅是飞行技术的展示，还应该基于构图和光影色彩讲好"故事"。

第七章　无人机航拍短视频后期剪辑及发布运营

 基础知识

航拍短视频的拍摄工作完成,并不意味着整个项目结束。素材的后期剪辑是航拍短视频制作的最后一个流程,接下来就是作品的发布、推广和运营了。对于商业短视频团队而言,后者才是整个流程的重点,即流量的运营和商业变现。

图7-1所示是短视频拍摄完成后的一系列工作步骤,主要包括剪辑和后期特效制作、配音和背景音乐添加、字幕添加和调整、片头片尾设计、数据分析与推广以及粉丝互动与管理,还有在社交媒体时代最重要的——作品流量的商业变现。

视频素材的保存与备份

保存与备份的视频素材不仅包括现场拍摄的视频素材,也包括剪辑师积累的海量视频素材,可以填充到正在剪辑的视频当中。视频素材库的充实程度,在很大限度上决定了剪辑的效率与效果。视频素材的相关处理,应当注意以下三个方面。

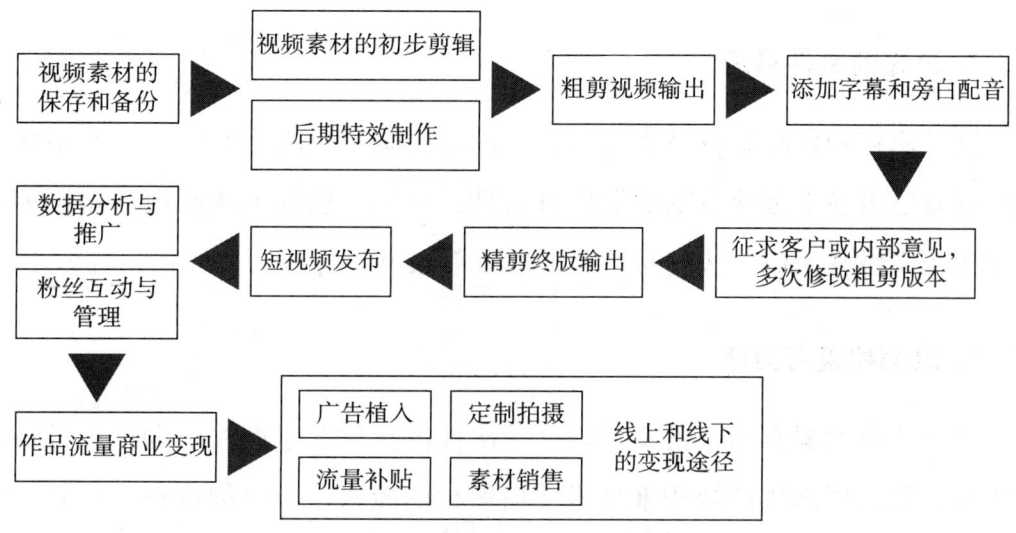

图 7-1　短视频后期剪辑和发布运营的全流程

1. 可靠的存储设备

对于视频拍摄而言，选择可靠且容量足够的存储设备非常关键，而且对于存储卡的读写速度也有要求。通常建议至少选择 UHS-Ⅰ或 UHS-Ⅱ标准，读取速度不低于 60MB/s 或 110MB/s，容量在 64G 以上，以满足航拍无人机 30 分钟左右的 4K 高清视频拍摄需求。

视频素材的可靠保存是最重要的。由于大部分的拍摄场景是不可复现的，一旦视频素材损坏便无法挽回，因此通常会进行两个以上的备份，包括外接移动硬盘及云盘备份。如果拍摄现场的网络状况不佳，不能及时上传云盘，那么外接存储设备就非常必需了，而且最好准备两个外接硬盘，并且考虑用机械硬盘备份。因为现在流行的高速固态硬盘一旦出现问题，存储的资料便无法找回。机械硬盘虽然存储速度不占优势，但如果发生故障，可以通过修复硬盘找回全部或部分视频素材资料。

我们在选择无人机存储卡或备份存储设备的时候，一定要选择知名品牌的产品，这样可以进一步增加资料保存的安全性。

2. 严谨的文件目录

随着累积的视频素材越来越多，剪辑师如何方便地"取用"这些视频素材？在备份设备上创建清晰的文件目录是必要的。通常可按照项目名称和日期来组织文件夹，以便快速定位和管理视频文件，保证短视频的出片效率。

3. 定期检查与更新

视频素材的保存与备份不仅仅是一次性的操作，定期检查和更新备份非常重要。根据团队生产视频素材或搜集素材的能力，应每周或每月检查一次备份，确保所有文件都完整并及时添加新的文件，将更新过的素材库依次同步到不同的备份平台上。

视频素材的定期检查与更新是整个备份过程中最重要的一环。随着累积素材的不断增多，如果没有保持这样的勤奋更新和整理素材的习惯，就会导致系统素材库日渐混乱，不同平台的版本不同，多平台备份也就失去了当初的意义。如果是多人管理素材库，缺乏定期检查和更新，不但会造成视频素材的检索取用困难，而且容易造成素材丢失。

▶ 视频剪辑与后期特效

视频素材的剪辑一般分为粗剪和精剪两个阶段。短视频的后期剪辑需要根据各方的意见反复修改几次才能定稿，即便是强调产出效率的商业短视频团队也是如此。通常情况下，成片和视频素材的比例为1∶4，即要输出1分钟的成片视频，需要拍摄4分钟的原始视频素材，具体比例根据团队及摄影师的经验、项目类型有所差异。

视频剪辑与后期特效对于爆款短视频的诞生而言非常关键。在短视频的创意和分镜脚本已定的情况下，一个短视频作品最终的数据表现取决于视频剪辑和后期特效，具体工作内容如图7-2所示。

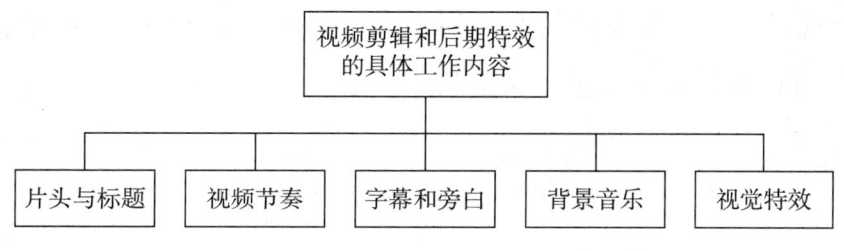

图 7-2 视频剪辑和后期特效的具体工作内容

1. 片头与标题

对于社交平台的短视频来说，片头的标版和标题设计非常关键，直接决定了用户会不会点击观看短视频，这在社交平台的算法中被称为"点击进入"。这个数据反映了短视频的吸引力。因此，视频剪辑的第一项工作，就是为作品设计具有高吸引力的片头和标题，二者缺一不可。片头负责"美的视觉吸引"，标题负责"勾起好奇心"，相辅相成，吸引用户点击观看。对于短视频作品而言，片头的设计相对简单，从视频素材中选择最能够代表作品特色的画面即可，关键是标题的设计。如何为短视频取一个好标题？我们将在案例解读和应知应会部分揭示其中的规律。

2. 视频节奏

在社交网络平台上，以获取关注和流量为目标的短视频要想获得理想中的播放数据，最大限度实现剧本创意，通过视频剪辑把控视频节奏相当关键，这里蕴含了两个维度的评判标准，如图 7-3 所示。

平台推荐算法维度，主要针对短视频作品的评价指标，如点击观看、完播率、评论互动、点赞和转发。这些数据指标体系是算法对一个短视频的评价依据，决定平台是否向短视频开放更大的流量池，即给予该短视频更大的展现量。若短视频获得了平台认可，则有成为爆款的可能。

这一评价维度要求剧本的创作要有所谓的"网感"，同时视频剪辑能够控制好节奏，节奏明快地推动情节的发展。这对于时刻处于"百忙之中"的网络观众而言非常重要，否则耐心不足的他们很容易跳失，停止观看行为。

这也是隆视觉和流氓兔视觉的商业短视频最终成片控制在 14 秒左右，同时每隔 3~5 秒就会设置情节推动转换的原因。

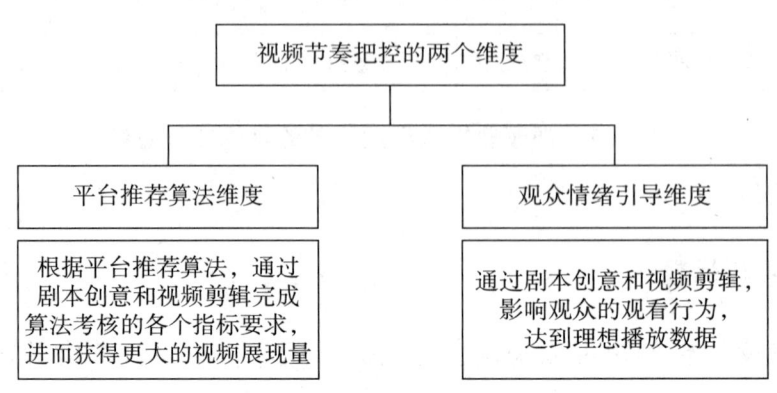

图 7-3　视频节奏把控的两个维度

视频节奏把控还要注意观众情绪引导维度。一个优秀的短视频首先要能够引发观众的情绪波动，这也是视频获得观众点击观看、评论转发和收藏的基础；其次是能够主动引导观众的情绪进程。"我刚刚加入花城航拍团队的时候，偶尔与编导等其他团队成员产生分歧，主要是关于视频节奏。编导告诉我片子的情绪铺排节奏不能太慢，慢热型的视频节奏难以满足网络平台对短视频的播放数据需求。这不仅要求在剧本的创意阶段就设定观众的情绪要素，如幽默搞笑、亲情爱情、怜悯同情、恐怖或好奇等，奠定作品播放数据的良好基础，还要后期通过剪辑控制视频节奏，引导观众的情绪逐渐达到高潮。所以，好的视频剪辑师，一定是控制观众情绪节奏的高手。"花城航拍的后期剪辑师李功康在接受采访的时候表达了对视频节奏的看法。

3. 字幕和旁白

不是所有的短视频都需要后期添加旁白，更多的短视频运用字幕或现场原声，这些均根据短视频作品的类型而定。

无论是字幕还是旁白都需要文案创作，而且都在分镜脚本阶段已经完成，剪辑师的任务是配字幕和旁白配音。其中，比较有创作空间的是旁白配音，贴合视频内容的声音可以为作品增色不少。

虽然字幕和旁白文案不属于视频剪辑师的专业范畴，但在这里还是借机强调这个环节的重要性。如第四章中流氓兔视觉的《致春天》，字幕文案的水准颇高，很好地契合了片子的主题和不同画面的情绪调性，给人以激励。

大部分 14 秒左右的商业短视频除了片头有文案以外，内容主要是画面有节奏地展开，没有旁白的介入，主要原因是剧情简单、时间紧凑。在这种情况下，就完全依靠画面和特效来吸引观众了。

4. 背景音乐

有丰富网络短视频观看经验的观众或者短视频内容创作者，都清楚短视频背景音乐选择的重要性。有一类爆款短视频就是依靠内容与背景音乐的完美配合，甚至主要依靠背景音乐，获得了不错的播放量。例如，花城航拍 2021 年的爆款短视频《真的爱你》，就是依靠背景音乐让作品增强了共情能力，获得全网播放量超 1 亿的骄人战绩。

从实践角度，短视频的背景音乐选择有两种情况：一种是内容与背景音乐完美搭配、相互烘托，共同渲染气氛，为观众提供情绪价值，如花城航拍的《真的爱你》和流氓兔视觉的《致春天》，画面切换的节奏跟背景音乐的节奏也相得益彰；另一种是剧情内容和画面不占优势，主要是背景音乐出彩，能够激发观众的某种情绪，产生很好的播放效果。

需要强调的是，视频剪辑对于背景音乐的使用，需要考虑音乐版权的问题。在知识产权保护日益正规化的今天，忽略此问题容易引起法律纠纷。

5. 视觉特效

视频剪辑不仅是"压缩"素材，形成富有吸引力的叙事，还包括视觉特效的添加。有些时候这些特效的加入能够起到画龙点睛的作用，尤其是网络视频时代，视觉特效带来的惊艳感能够立刻抓住观众的注意力，使其产生观看行为。

视频的视觉特效可以分为两类：动画特效和滤镜特效。动画特效是在画面中添加额外元素参与画面的互动，如花城航拍为第 134 届广交会拍摄的

《潮起珠江，广交世界》，就用到了手指与广交会场馆灯光的互动特效、手指拨动广交会Logo的交互特效。这些特效的添加为片子增色不少，即刻凸显作品的差异化。

《潮起珠江，广交世界》特效镜头

地面摄影师或航拍飞手在拍摄阶段的画面构图中，需要提前留有互动特效的切入点，方便后期剪辑人员添加动画特效。这有赖于创意阶段和分镜脚本撰写阶段摄影师与后期剪辑之间的默契。

滤镜特效，或者说特殊的调色风格，是通过后期人员手动调节的，或是通过剪辑软件的滤镜插件，甚至是网络神经滤镜，赋予画面特殊的视觉效果。例如，隆视觉和流氓兔视觉以及花城航拍的很多航拍短视频，成片都在色调方面做了特效，色彩饱和度提升，让画面看起来更加鲜艳、夺人眼球。

▶ 短视频的发布与运营

从播放数据的结果导向出发，在短视频的创意和内容已经确定的情况下，短视频的发布首先需要关注的是"时长"问题。短视频的时长不仅决定后期剪辑的工作量，也是博取平台流量和粉丝关注的重要影响因素。以商业为目的的短视频成片通常控制在15秒左右；以社会新闻热点事件或企业宣传为核心的短视频，时长最好控制在1分30秒左右，这样叙事空间相对充裕，但又不至于占用观众太多的时间；时长在2分钟以上的短视频通常不适合航拍，大多数剧情类的微短剧则不在本书探讨的范围内。

短视频的发布除了关注作品的时长以外，还要关注更新频次，这对于平台算法考核账号的优质程度非常重要。通常，短视频账号的运营方即使做不到日更，也需要保持固定的更新频次，确保账号在发布作品方面的活跃度。而持续的内容产出和发布也是专业化运营的最大障碍，尤其是在账号没有获得很好收益，或者作品尚未取得很好播放成绩的情况下，仍然坚持短视频的内容生产和更新是需要毅力和勇气的。在行业实践中，为了保持固定的更新频次，短视频制作团队通常一次拍摄，积累多次发布的素材，最大化减少分散拍摄带来的工作量，如集中一天拍摄，积累未来七天的发布素材，或者通过切片的方式将短视频分为不同的片段或版本，用于多平台或多账号的发布。

短视频运营的核心在于付费投流，即为短视频进行加热，让短视频得到更大的展现量。在具体的操作层面，短视频的付费投流因平台不同而略有差异，如抖音平台通过"dou+"进行短视频投流加热，而且投流本身需要考虑的定向参数比较复杂，本书不作详细展开。

此外，是否有必要对短视频进行投流加热，取决于短视频运营方的利益取向。类似于花城航拍这样的新闻机构，通常没有特别大的动力去申请预算进行投流操作，主动运营的情况比较有限。而类似于流氓兔视觉和隆视觉这样的航拍短视频自媒体，由于是个人的运营模式，付费投流加热作品的情况也不多见，主要依靠原创且富有竞争力的作品博取流量数据。当然，这些自媒体较少采用付费投流的原因还在于资金成本及投手岗位缺乏。

在行业实践中，采用付费投流加热短视频有两种情况：一种情况是通过短视频打造个人 IP，需要短时间内完成粉丝增长的 KPI，因此运营方会挑选有爆款潜质的短视频进行付费加热，完成 IP 粉丝量的原始积累。另一种情况是通过产品"种草"短视频或带货短视频（图文电商）挂车的方式（即短视频下面挂购物车）实现所见即所买的效果。这类短视频作品通常会采用投流加热的方式，以便收获更多的销售订单。综合以上，能够采用付费投流的短视频项目运营方，通常有明确的目标：或是 IP 商业价值塑造，或是商品销售。建立在明确商业回报基础上的短视频项目，才有意愿和动力通过付费投流进行短视频的运营。

案例展示

花城航拍：《真的爱你》

如图 7-4 所示，花城航拍的《真的爱你》发布于 2021 年 6 月 29 日。截至 2024 年 6 月，该视频在视频号的累计点赞和转发量为 10 万+，评论量为

5172，可谓主旋律航拍爆款短视频的典型代表。《真的爱你》的爆款基因来自两个方面：一方面是中国共产党成立100周年的热点效应，这是2021年的大事件，主题自带十足热度；另一方面是震撼的广州夜景航拍画面与背景音乐——Beyond乐队的经典名曲《真的爱你》的完美契合。观众看到广州繁华璀璨的夜景画面配合音乐节奏徐徐展开，胸中的自豪感渐次加强。此刻的背景音乐放大了画面的意义，把中国共产党成立100周年与爱的表达融合在一起，令观众产生共情。

扫码观看完整案例视频

图 7-4　花城航拍：《真的爱你》

花城航拍：《珠江花月夜》

如图 7-5 所示，《珠江花月夜》是花城航拍发布于 2023 年 9 月 28 日的航拍短视频作品，此时恰逢中秋节和国庆节前夕，作品发布的时机把握得非常精准。这则短视频案例最让观众印象深刻的是令人耳目一新的后期特效：将广州的城市夜景与广州的历史文化符号，借助于视频 AR 特效进行跨时空的融合，进一步丰富

《珠江花月夜》特效镜头

了广州特色中秋节的文化底蕴。正如花城航拍在作品简介中描述的,"珠江,穿城而过,串起了广州的灵气。它奔涌而来,流淌出日夜生活,冲刷出市井百态,见证着这座城市两千年的历史文化"。截至 2024 年 5 月,花城航拍的这则航拍短视频的播放量达 10 万+,转发量 2.1 万,点赞量 1 万+。

图 7-5　花城航拍:《珠江花月夜》

隆视觉:《天成台度假村》

如图 7-6 所示,隆视觉的《天成台度假村》作品发布于 2021 年 8 月 18 日,发布平台是抖音和视频号。这一主题分为两个作品(对应不同的拍摄时间段),每个作品的时长在 13 秒左右。这是类似于隆视觉的航拍短视频博主经常采用的时长。选择本案例的原因在于短视频的后期调色比较夸张,选择傍晚时段,大幅度提升了画面色彩的饱和度,营造了壮观且艳丽的视觉体验。

从作品的播放数据来看,截至 2024 年 6 月,两个短视频作品的播放量均达到 10 万+,其中作品一的点赞量 9.7 万,评论量 7346,转发量 2.6 万;作品二的点赞量 12.1 万,评论量 1 万+,转发量 4.5 万。不仅如此,这两个短视频因绝美的构图和惊艳的后期调色带火了天成台灯塔这个旅游景点,使之成为游客前往天成台度假村的必打卡景点。

扫码观看完整案例视频

扫码观看完整案例视频

图 7-6　隆视觉：《天成台度假村》

 **案例解读**

其他作品
特效镜头

从视频后期处理的角度来看，这三个案例分别代表了三种爆款短视频的后期处理思路。

第一个案例，花城航拍的作品《真的爱你》能够成为爆款短视频，选题占了很大的优势，中国共产党成立 100 周年的热点事件为视频增加不少热度。视频后期处理背景音乐的选择成为这个作品脱颖而出的关键，将流传甚广的经典歌曲《真的爱你》与中国共产党成立 100 周年的庆典氛围相结合，既出乎意料又在情理之中，配合画面中广州现代化的繁华夜景以及庆祝中国共产党成立 100 周年的灯光，充分激发了观众的自豪情绪。更难能可贵的是，作品的名字与背景音乐的名字相同，进一步加强了作品主题与音乐的相互作用，最大化引发观众情感共鸣。由此可见，借助恰当的背景音乐深化作品的主题，是打造爆款短视频的有效策略。

第二个案例，花城航拍的《珠江花月夜》能够成为爆款短视频也离不开选题的契机优势。中秋节、国庆节"双节"前夕发布令作品本身自带热度。当然，这个作品最令人印象深刻的是 AR 特效在视频后期中的运用，将广州地标性建筑的夜景与传统文化符号的视觉特效进行叠加，营造时空穿越的奇特幻境，传统与现代的视觉融合，强化了中秋节的传统文化内涵。花城航拍的两位后期何早阳和李功康在接受采访的时候，对于这个案例也是印象深刻："从团队接到选题任务的一刻，包括编导、飞手和我们后期在内的团队成员就开始策划这个选题的创意表现方式，最终确定了以 AR 特效为主的视觉效果，在此基础上细化拍摄脚本。不仅如此，为了保证成片效果与预想的高度一致，我们作为视频后期人员也参与了现场的拍摄过程，以便随时从后期特效的角度，为拍摄提供参考意见。"

第三个案例，隆视觉将同一个文旅主题、同样的拍摄场景，分为不同的拍摄时段形成两个作品。13~15 秒的作品缺乏剧情的吸引，主要依靠拍摄主题的热度及纯画面视觉特效获取观众的注意力。本案例的主题——文旅主题是短视频平台的热门选题，本身热度就比较高。梁兴隆充分发挥了作为一名摄影师的优势，在航拍画面的构图方面最大化展示了拍摄场景的美感；同时在短视频的后期调色方面，充分发挥了落日晚霞和晴天白云的光线特质，通过加大色彩饱和度，进一步放大了不同拍摄时间段的光照特点，充分展现了美轮美奂的自然风光，增强了文旅主题的视觉吸引力，作品能够获取良好的播放数据也在情理之中。

综上所述，本章案例揭示了航拍短视频作品成为爆款的要素，包括主题选择、背景音乐、视觉特效及令人惊艳的画面视觉效果。实际上，本章案例还体现了爆款短视频的共性特质，同样与视频的后期剪辑有关，那就是节奏感。在规定的时长中，每 3 秒左右进行画面或剧情的转换，简洁明快的节奏有利于吸引观众保持观看黏性。表 7-1 总结了本章案例成为爆款短视频的内在因素。

表 7-1 爆款短视频形成的内在因素

案例	爆款视频形成的内在原因		
	选题因素	后期特效因素	节奏转换
《真的爱你》	中国共产党成立 100 周年的社会热点	背景音乐	2~3 秒转化画面
《珠江花月夜》	中秋节和国庆节的假日热点	AR 特效	3~5 秒转换画面
《天成台度假村》	无	画面构图+后期调色	2 秒转换画面

需要说明的是，由于本章选择的航拍短视频案例都不包含剧情设计，因此我们评判后期剪辑的节奏只能以画面转换为标准。如表 7-1 所示，如果视频素材比较丰富，通常 2~3 秒就会转换一个画面；如果主题限定了需要慢表达，通常会以 3~5 秒的节奏切换画面，如此才能让观众时刻保持新鲜感，不会产生视觉疲劳。如果是带有剧情的短视频作品，如时长在 2~3 分钟，更加需要按照分镜脚本，通过后期剪辑控制讲故事的节奏，基本上 3~5 秒就要推动情节的发展。综上所述，后期剪辑的节奏控制对于短视频平台的观众而言非常重要，很多短视频创业团队拥有很好的作品主题创意，运镜拍摄和演员表演也可圈可点，但后期剪辑没有控制好节奏，让观众感觉视觉疲劳或剧情拖沓，进而很快就中断了观看行为。用户观看的跳失率偏高是很多短视频作品没有获取良好观看数据表现的重要原因。

 应知应会

▎航拍短视频的后期制作必须用到专业的后期剪辑软件吗？

短视频的后期制作通常而言讲究的是高效率而非复杂，因此在大多数情况下，后期剪辑软件的功能简单够用即可，如流畅的素材拼接、场景的转换（转场特效）、调色、字幕和配音添加等。对于后期剪辑师而言，挑选适合的

后期剪辑软件是提升出片效率的第一步。

整体而言，根据软件应用的平台差异，本书把短视频的后期剪辑软件分为三个类型。

1. 手机端剪辑软件

随着信息技术的快速发展，智能手机的信息处理能力日益强大，同时得益于短视频社交媒体平台的发展，社交媒体平台用户越来越习惯于在手机端实现从拍摄到剪辑，再到发布视频的全流程操作。因此，基于手机端的视频剪辑软件开始出现并日渐成熟，如剪映、快影和秒剪。剪映是抖音官方推出的，快影是快手官方推出的，秒剪则是微信官方推出的，如图 7-7 所示。这三种视频剪辑软件依托国内知名短视频社交平台——抖音、快手和微信视频号，在社交平台用户中的知名度和普及率比较高。这类软件简单易用、内置丰富的素材库，包括片头片尾设计、转场特效、表情包、音乐、配音、滤镜模板及 AI 应用等，而且素材库会根据平台爆款短视频的热度而随时更新，为短视频自带热度提供了支持；同时，用户在使用这些素材的时候完全不用考虑版权的问题，这对于准专业短视频创作者而言非常实用。

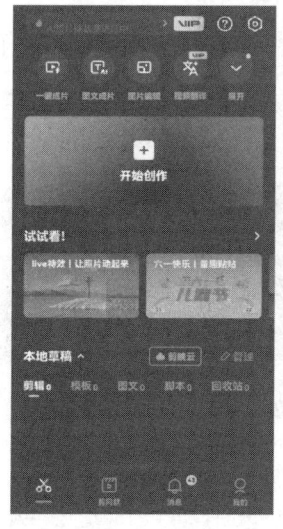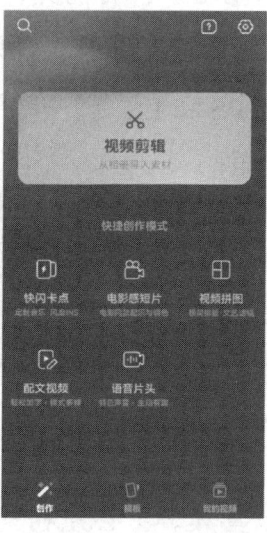

图 7-7 手机端剪辑软件界面

在实践应用中，我们发现短视频创作团队经常用手机拍摄完成后，先使用上述后期剪辑软件进行素材加工，然后发布在社交内容平台上，整个过程的效率非常高。这种情况发生于对短视频制作要求不高的前提下，因此注重效率的社交短视频比较适合采用手机端的视频后期剪辑软件。至于航拍短视频，由于拍摄设备主要是无人机、微单或专业电影机，仅从视频素材的导入环节就降低了手机端后期软件运用的可能性，更何况航拍短视频通常对后期剪辑和特效有一定的专业要求，手机端视频剪辑软件因性能和手机屏幕尺寸的限制难以完成高质量的后期剪辑任务。

其他手机端剪辑软件还有很多，如爱剪辑等，此不赘述。这类手机端剪辑软件的普遍特点是内置的成熟模板和功能模块较多，易于新手使用及满足社交短视频高效剪辑和发布的需求。

2. PC 端剪辑软件

PC 端的视频剪辑软件通常被称为专业级的视频剪辑平台，如 PR、FCPX（苹果电脑用户专用）和达芬奇。其中，达芬奇是专业视频制作的"调色之王"，而 PR 的优势在于丰富的插件以及与 Adobe 家族软件系统的通用性。除此之外，后期剪辑还会用到视频特效的制作软件，如 AE、CINEMA 4D 等，如图 7-8 所示。此外，专业的短视频剪辑师还会运用一些平面设计软件，如 PS 和 LR 等，进行文字包装、封面设计及延时视频的处理等。

图 7-8　专业级视频后期软件

工欲善其事，必先利其器，这类专业级软件的应用场景广泛，从社交短视频、航拍短视频、纪录片到影视剧的专业剪辑都适用。其优点是功能强大、拓展性强，能够完成复杂和精细的视频素材加工。缺点是软件的费用较高，安装包比较大，用户要想流畅地处理高清素材，如 4K 高清，就需要在电脑的性能配置方面进行较大的投资。

以上这些专业软件的基础功能已然足够强大，但在使用过程中更重要的是基础功能之外的插件拓展。这些功能插件种类繁多，后期剪辑师需要花费大量的时间搜集和整理，甚至 DIY 制作特效插件，方便灵活调用，应对更为复杂和更高要求的影视后期制作的需求。因此，如果我们的成片只用于社交平台的发布，如 15 秒以内的航拍短视频，在很多情况下采用这些"高大上"的专业级后期软件属实有点大材小用，反而降低了短视频的制作效率，且会使用专业级后期软件的剪辑师的人工成本也不低，客观上增加了团队的运营成本。个人或小规模的短视频团队通常选择"轻量化"的后期剪辑软件或者使用以上软件的基础功能。对于专业航拍团队而言，如花城航拍配备了 2 名以上的专业后期特效剪辑师；前文提到的影航映画，在 20 多人的专业团队编制中，配备了 3 名专业后期特效剪辑师。这些专业后期特效剪辑师最常应用的软件组合就是"PR+AE"，或者"达芬奇+AE"。

3. 在线剪辑平台

相对于以上两种视频后期剪辑软件，在线剪辑平台更加"轻量化"。用户无须在手机或 PC 端安装软件，只需要将视频素材上传到网站，通过网页端的操作界面就可以实现视频的各种剪辑操作。这种视频剪辑的应用形式特别适合于入门级网络短视频创作者，如图 7-9 所示。

这类在线剪辑平台通常采用会员制，用户付费成为会员即可获得平台完整的服务功能，免费版能够使用的功能比较受限。这些平台还内置了丰富的视频模板及 AI 功能，可以有效提升视频剪辑处理的效率。某些在线剪辑平台还提供了视频分发功能，可以将剪辑完成的短视频一键分发至各个社交内容平台，极大提升了短视频内容创作者的工作效率。不仅如此，在线剪辑平台还可以通过 AI 辅助提供丰富的视频转换功能，包括横屏转竖屏、智能字幕和配音、自动生成标题及自动切片等。这些功能最大化满足了社交短视频或电商短视频快速大量生产的需求。

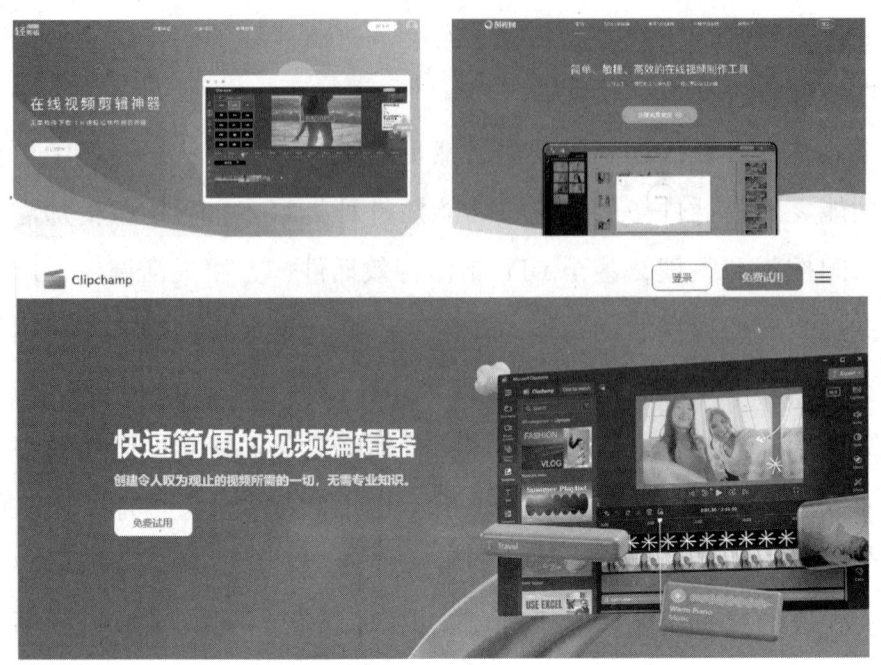

图 7-9 在线剪辑平台

根据本书对花城航拍后期剪辑师的采访，AI 目前的应用主要是在视觉特效的实现方面，而在 PR 或达芬奇等基础剪辑操作中，运用 AI 工具尚不多见，控制镜头节奏与切换还是以人工为主。但 AI 在实现一些视觉特效方面，的确可以降低操作的难度，甚至实现人工特效不能实现的效果。"通过使用一些 AI 工具，如文生图，再图生视频可以简化视觉特效的操作难度，Stale Diffusion 和 Comfyui 就是我经常用的工具。"花城航拍的后期剪辑何早阳通过自学掌握了一些 AI 视频特效的工具，在日常工作中发挥了一定作用。

综上所述，在短视频社交时代，用户产生了大量的短视频创作需求，相应的视频后期处理软件或平台也呈现百花齐放的生态，无论是随手拍和随手剪的手机端软件，还是专业化操作的 PC 端软件，再或者更加轻量化和接地气的在线剪辑平台，满足了各种视频后期剪辑的需求。面对众多视频后期处理工具，我们该如何选择呢？概括而言，如果是在社交网络发布的短视频后期处理，通常手机端或在线剪辑平台足以应对，高效剪辑、快速发布；如果是专业级的新闻内容生产或客户定制短视频后期处理，PC 端专业级视频后期软件更加适合，精雕细琢，慢工出细活。

如何看待原始视频素材与后期剪辑的关系？

随着视频后期剪辑软件功能的日益强大，以及 AI 在视频特效中的应用，短视频行业中出现一种声音，认为视频原始素材并不那么重要，拍摄过程中的"缺憾"完全可以通过后期进行弥补。对此，影航映画主理人林洋在接受访谈时，表达了如下的观点："一支专业的航拍团队从某种意义上而言是靠天吃饭的，自然光和现场的拍摄条件很难重现，一定要在拍摄过程中仔细考虑天气及由此带来的光线条件，包括其他影响航拍的环境因素，力求在航拍过程中获得最优质的原始素材。后期剪辑可以为视频素材提亮增色，但无法从根本上替代原始视频素材的重要性。"

素材与后期哪个重要？对于这个问题的看法，众多短视频生产者形成了两个派别。认为视频后期对成片效果发挥着决定性作用的，我们称之为"后期派"。通常持有这种看法的人是行业新兵，或者对短视频的质量要求不高，认为视频后期软件是无所不能的，尤其是各种"一键生成"的 AI 特效模板。与之相对应的流派，我们称之为"素材派"。通常持有这种看法的是专业程度比较高的短视频制作团队或个人，强调视频拍摄过程中原始素材的质量。团队拥有熟练的专业后期软件的使用能力，但并不盲目崇拜后期软件的"魔法"，更相信"素材好、成片才好"的理念。图 7-10 展示了后期对视频成片的影响因素。

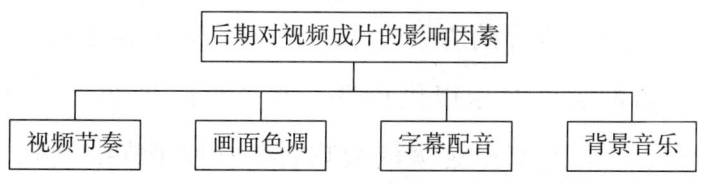

图 7-10　后期对视频成片的影响因素

视频后期剪辑首要解决的问题是视频节奏。视频节奏对于播放数据的影响非常关键。按照分镜脚本节奏明快地"讲好故事"是短视频后期剪辑的基本操作。

关于画面色调的争议比较大。"后期派"认为借助功能强大的后期软件和滤镜插件，可以将画面调整到任意想要的风格，因此原始素材的拍摄不用过于纠结自然光及空气的通透度等因素，摄影师只管拍，剩下的交给后期。在采访了众多航拍摄影师之后，本书得到的答案是完全相反的。航拍短视频区别于一般意义的短视频，画面的美感和独特视角是吸引观众的主要手段。独特视角可通过相对稳定的航拍无人机或激进运镜的穿越机获得，这是航拍短视频独有且容易发挥的优势。但是，画面的美感需要航拍摄影师在素材拍摄过程中重点关注，不能过于依赖后期。抛开美学的理论素养，从实践角度而言，画面美感有两大构成：构图与色彩。除了画面构图之外，能够显著影响航拍画面美感的是色调和通透度。通常黄昏或傍晚拍摄色调较好，避免在强烈阳光直射的正午或平淡散光的阴天拍摄；通透度决定了画面的清亮透明的程度，如雨后的空气通透度最佳。以上二者虽然可以通过后期进行改善，但高质量的原始素材才是真正的制胜因素。此外，极端天气的航拍画面，如闪电、台风、乌云遮城等，完全依靠一手的原始素材，后期给予的效果改善就比较有限了。虽然后期软件很强大，但从航拍短视频创作的角度，依然要十分重视高质量的原始素材拍摄，精心选择拍摄的天气及由此带来的光照和空气通透度等条件。

此外，影响成片效果的还有字幕配音、背景音乐等，这些就是后期剪辑体现价值的主战场了。前文提到的手机端剪辑软件，如剪映、快影和秒剪，以及各类在线剪辑平台，都内置了基于 AI 的字幕配音模块，可以高效完成这部分的工作。在至关重要的背景音乐方面，手机端剪辑软件及在线剪辑平台都可以提供丰富的免费音乐以供挑选，甚至可以借助 AI 为短视频选择合适的背景音乐。这些都是日益强大的视频后期软件带来的便利。

从社交内容平台的角度，国内头部短视频平台对于作品的原创度和画面质量的要求越来越高，制作精良的短视频能够获得平台更多的推荐和曝光，粗制滥造的作品在这些平台上的生存空间越来越小。

回到这个问题本身，关于原始视频素材和后期剪辑的关系问题，本书的建议是：从原创航拍短视频的高标准来看，正本清源，创作团队应当在原始素材方面投入更多的努力，从剧本的创意到分镜脚本，再到现场的航拍，精心设计每一个影像效果的拍摄步骤，为视频后期加工提供优质的"原材料"；同时借助日益更新的后期软件平台，赋予二次创作更多的可能性和改善空间，共同为爆款航拍短视频的诞生贡献力量。

一位合格的短视频后期剪辑师需要怎样的基本素养？

笔者在本书写作过程中，采访了影航映画的后期剪辑师林泰泓。他在公司的业务体系中同时承担了视频编导的角色，恰好覆盖了短视频生产的开头和结尾。一开始便介入短视频创意有助于林泰泓在完整且充分理解内容主题的基础上，发挥后期剪辑二次创作的作用，更高效率地完成剪辑工作。

在采访过程中，我们问的第一个问题是，多长时间能够成长为一名合格的视频后期剪辑师？林泰鸿的回答比较灵活：这个完全取决于个人的兴趣以及悟性，在能够熟练运用剪辑软件工具基础上，通过经验积累快速建立剪辑的逻辑思维，即通过画面讲故事的能力，控制画面的视觉效果和"讲故事"的节奏，短则2~3个月即可。因此这个问题没有标准答案。

第二个问题，合格的后期剪辑师需要具备怎样的素养？影航映画的林泰泓认为有三个素养非常重要。首先是剪辑的逻辑思维能力，即能够运用后期剪辑软件，把一个故事以最合适的节奏感讲述得足够精彩的能力。其次是审美素养。审美素养在不同阶段有不同体现：第一个阶段——能力成长的前期，构图和色彩的审美是基础；第二个阶段，包装的风格审美较重要，根据时代和受众特点，通过短视频的封面及色调、特效呈现符合大众审美的风格，并在此之上进一步形成一定的个人风格。最后是熟悉各种软件工具，如剪辑软件、特效软件和平面设计软件、音频处理软件，以及各种插件的搜集和运用，同时对于AI工具有一定的认知和运用。

第三个问题，如何在实践中快速提升能力，或者培养以上三个核心素养？林泰泓给出的答案是"拉片"，即观摩优秀的视频作品，并进行详细的专业分析。在林泰泓看来，完整的"拉片"起码要看四次作品：第一次从整体判断这个作品是否适合"拉片"；第二次从编导的视角观摩和学习作品的创意及结构等，尤其是7~8分钟的中视频，主要看叙事结构和情节展开的节奏等；第三次从拍摄的视角分析作品构图、运镜的优劣势；第四次从后期的角度审视作品在剪辑和特效方面的特点，并学习其中的优点。对于一位合格的后期剪辑师而言，"拉片"应该是日常工作，甚至是生活的一部分。通常"拉片"的素材来源是抖音、B站、新片场等大众短视频平台或专业视频平台。

第四个问题，除了以上素养以外，后期剪辑师还需要特别关注什么问题？林泰泓毫不犹豫地回答：素材库的管理，这是后期剪辑师的命脉所在。丰富且有序的素材库可以极大地提高后期剪辑的效率，同时也是短视频团队最核心的资产，需要给予最大限度的重视。素材库的管理需要建立严格的文件夹体系及命名规则，如时间、地点、事件等。这些命名方式形成了清晰的标签，有利于后期剪辑师准确搜索到相应的素材，提升工作效率。

▶ 如何做到基于数据分析思维的短视频发布与运营？

短视频的发布与运营，本质上是与平台内容推荐算法的"斗智斗勇"，旨在最大化满足不同的短视频社交平台对内容质量与规格的要求。因此，短视频的分发和运营必须建立在数据分析思维的基础之上，通过不断的内容流量测试，找到账号的流量密码。

从实战层面来看，短视频的发布环节需要的数据思维主要是内容的"重合率"，即一则短视频与其他短视频内容的重合程度，这反映了作品的原创度问题。平台算法会进行"查重"评估，通常而言要求原创内容比例不能低于70%。例如，时长10秒钟的短视频，原创画面不能低于7秒钟，否则就会被平台判定为抄袭，重则作品发布审核不通过，轻则作品的流量受限，达不到预期的播放数据和吸粉效果。有些小众的短视频平台，如趣头条、一点资讯等，对于原创度的要求会低一些，约为60%。

除此之外，在短视频发布之前，甚至在作品拍摄之前、确定拍摄主题的时候，科学的做法是根据平台的后台数据进行分析，确定作品的类型及主题定位。在对作品进行后期剪辑时，应通过分析观众的兴趣点、观看习惯等数据信息，对短视频进行优化调整，如调整时长、增加互动元素、改进剪辑方式等，以提升短视频的吸引力和传播效果。

短视频发布有两种模式：单账号发布和账号矩阵发布。这两者都会受到作品原创度的影响，尤其是账号矩阵发布，其目的是大范围测试短视频内容或电商产品的热度，而不在于个体账号的"养号"（累积粉丝）。因此，基于账号矩阵的短视频发布通常通过"切片"的方式，最大化降低作品的生产成本，将某个原创度比较高的短视频拆分成不同的版本进行发布。此时，如何规避平台算法的"查重"就需要一些技巧了，如变换时长、开头结尾、水印、背景音乐、动画、画质、字幕、背景、播放速度等。

短视频运营环节也需要数据思维。应根据发布作品的数据表现，进行运营策略的优化，包括但不限于账号定位的修改、内容创意优化、时长调整、剪辑风格改变及投流加热短视频等手段。衡量短视频质量的完整数据指标，包括播放量、完播率、点赞量、评论量、转发量、收藏量和关注量。在以上数据指标中，最核心的是三个指标：播放量、完播率、评论量。如果还需要考虑账号运营的因素，就要加上关注量——通过作品而成为账号粉丝的数量。观众的关注行为与以上三个核心指标强关联，如果这三个指标表现出色，账号的粉丝增长情况一般不会太差。所以，短视频的运营关键在于提升以上三个核心指标，具体可以参考图7-11所示的方法。

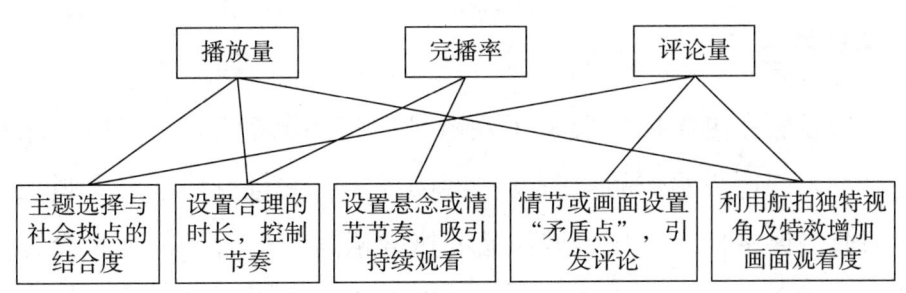

图7-11 提升短视频三大核心指标的方法

1. 播放量

与短视频播放量强相关的因素有三个。一是主题的选择。拍摄主题选择重要途径之一就是与社会热点结合，这样能够有效提升作品的播放量。这种方式的缺点是偶然性较强。热点本身的时效性和偶发性，对于短视频制作团队的效率提出了挑战。二是视频的时长和节奏。短视频本身就是利用网民的碎片时间传播的，15秒左右的短视频或2分30秒左右的简单剧情短视频是比较容易提升播放量的；同时在后期剪辑的环节，转场切换的节奏很重要，应避免观众对单一画面或场景的视觉疲劳，这也有助于提升整体的播放量。三是航拍短视频的优势。航拍镜头的冲击力和新鲜感以及后期特效的添加，有助于吸引用户点击观看，提升作品的播放量。

2. 完播率

完播率对于平台评估短视频非常关键，代表着这个作品对于观众的吸引力。提升完播率的方法主要有两个：一是控制时长和节奏。15秒的经典时长就是为了提升完播率而总结的最佳时长，在观众没有反应过来的时候已经达成了完播率的考核。二是精心设置悬念或激发观众的好奇心，吸引观众看完整个作品。

当然，提升完播率的方法绝不仅此两个，这里所列举的是最简单、最直接提升完播率的方法。在实践中，短视频运营团队可以根据各自情况灵活发挥，探索适合自己的打法。

3. 评论量

评论量显然在更深层次反映了观众理解作品的深度。按照通常的逻辑，观众愿意发表评论说明作品被深度"阅读"了，并且成功激发了观众的表达欲望。因此，评论量越多代表该作品的热度越高，正面评论越多代表作品被认可的程度越高。评论量多的作品会被平台算法认定为优质短视频，进而给予更多的流量曝光。

完成了短视频的发布，接下来就是短视频的运营了，这个环节更是建立在充分的数据思维基础之上的，具体包括"两个阶段"和"一个贯穿"。

"两个阶段"的第一阶段是作品流量运营。作品流量运营大多数情况下指投流加热短视频,即根据短视频发布之后的数据表现(通常在发布的1~2小时观察作品的各项播放数据),决定是否对该短视频进行投流加热,给予更多的流量曝光,以增加作品的播放数据。这一操作会在作品发布的三天内反复,投流加热的时长取决于作品即时的数据分析以及社会热点转移的情况。第二阶段是获取作品播放数据之后的复盘分析环节。专业的短视频制作与运营团队会在每一个作品发布七天后统计该作品的所有关键数据指标,并将数据与作品的内容进行对照,分析作品制作的每一个细节对于最终数据表现的影响,以便在下一次的作品创作中发挥优势、避免不足,优化创作理念,形成相对稳定的创作思路,最大限度确保作品能够收获爆款级别的数据表现。

"一个贯穿"指贯穿以上两个阶段的"粉丝互动管理",这相当重要。通过及时回复观众的评论、私信等互动信息,增强与粉丝的联系和沟通;同时还需要关注粉丝的反馈和需求,不断改进和优化短视频内容,以满足粉丝的期望和需求。此外,还可以通过建立粉丝群、举办线下活动等方式,进一步增加粉丝的黏性和忠诚度。以上操作都需要依赖粉丝数据和互动信息数据的分析,才能更准确地服务账号粉丝。

社交媒体平台的短视频发布和运营是一个系统工程,无论是针对特定的作品发布还是账号的运营,都需要建立在数据思维基础上,甚至从选题到拍摄、后期剪辑再到发布运营全流程都需要详细的数据分析给予指引,以不断优化作品内容和运营策略,达到预期的效果。

第八章　爆款无人机航拍短视频方法论

基础知识

本书前七个章节按照航拍短视频项目实施的顺序，系统阐述了航拍短视频项目从团队组建、设备选择，再到内容生产的全流程，完成以上步骤只是具备了短视频内容生产的基础。本章将结合案例，分析总结打造爆款航拍短视频的方法论，即总结爆款航拍短视频生产的规律，为平台提供更多优质的航拍短视频作品，为短视频自媒体账号提供生产优质内容的方法论支撑。

首先，如何定义"爆款短视频"？从字面含义理解，"爆款短视频"是流行且有广泛接受度的内容。从量化评估的角度，作品需要达到怎样的播放数据才算爆款呢？行业对此并无统一的标准。以抖音平台规则为例，播放量超过1万属于优质作品，内容算法会给予较高的推荐权重；播放量10万以上算小热门；100万以上是大热门。如此看来，能够称得上爆款短视频的播放量需要达到千万级别，这在实践中是非常困难的。播放量过低的作品，评论量、点赞量等更无从谈起。

综上所述，本章研究探索的是创作优质短视频的方法论，所谓"爆款"仅为代称而已。

如图8-1所示，爆款航拍短视频的诞生过程可分为三个阶段，每一个阶

段的具体操作都会对作品最终的数据表现产生关键的影响，这也是本书构建方法论的基础。

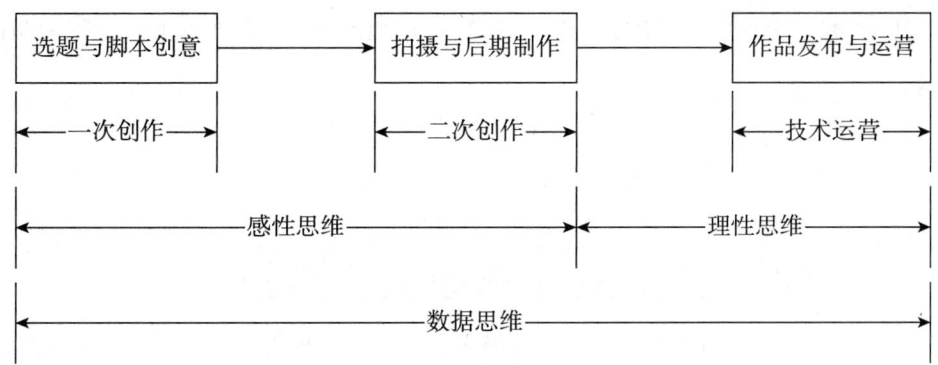

图 8-1　爆款航拍短视频诞生的三个阶段

从人的思维因素来看，短视频的内容创作本质上是一种思维创造。在短视频平台上每天千万级别的短视频作品中脱颖而出成为爆款，更是对创作者思维能力的极致考验。最关键的是，这不是单一思维，而是需要融合感性思维、理性思维及数据思维，并将这些看似相互矛盾的思维方式融入短视频创作的三个阶段当中。

在短视频创作的三个阶段中，选题与脚本创意是第一次创作过程，也是一个短视频项目的开始。短视频作品能否产生爆款效应，第一次创作是本源，是基础，也是关键。如何在这个阶段奠定爆款短视频的基础呢？通过梳理爆款短视频案例和底层逻辑，本书总结了选题与脚本创意的方法论（如图 8-2 所示）。

需要强调的是，图 8-2 展示的短视频选题与脚本创意的方法论，属于爆款短视频创作的"道"的层面，解决的是爆款短视频的底层逻辑问题。具体到执行层面，还需要摄影师和后期剪辑师的二次创作以及内容运营的加持，这些属于爆款短视频创作的"术"的层面。这个层面的问题本书前面的章节内容已经论述得比较充分了。

根据图 8-2，一则短视频成为爆款的关键在于情感内核。毕竟当前短视频能够成为网络信息传播的主要方式，本质上是因为更容易创造观众需要的情绪价值，即通过画面、声音及互动，将短视频蕴含的情感进行放大，先产生较大范围的共情，再通过平台内容推荐算法，让越来越多的人看到这则短视频，这就是爆款效应的形成过程。那么短视频如何创造情绪价值？或者说如何"可靠地"创造情绪价值呢？这就需要理解图8-2所示的人类共通的五种情感。

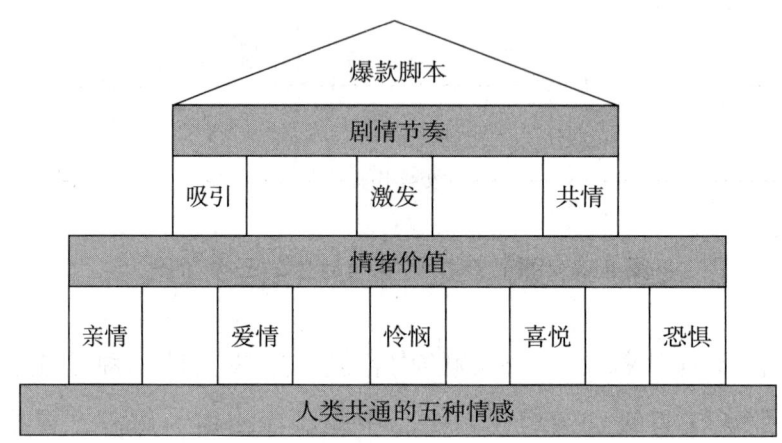

图 8-2　选题与脚本创意的方法论

▶ 五种情感

1. 亲情

人是社会性群居动物，每一个人都会与周围的人发生情感关联，所以人是惧怕孤独的。而亲情可以从根本上有效地消解人们的孤独感，即便所有的情感关系都可能"失联"，亲情由于血缘关系而不可斩断。因此，短视频在选题与脚本创意的第一个阶段，能够将内容创意与亲情产生强关联，就可以为观众创造情绪价值，并激发共情。

2. 爱情

与亲情类似，爱情也是人类不可或缺的情感。这种情感通常与美好、浪漫、感人等正向情感相关，最适合作为泛娱乐的短视频主题。如果短视频的创意和制作得当，那么与爱情相关的主题，大概率可以成功激发和调动观众的情绪，产生共鸣。

3. 怜悯

怜悯是人类基本情感之一，通常与同情心相关联，能够激发人们的爱心和保护欲。基于这一情感的短视频内容，比较容易吸引人们观看，进而产生评论等互动行为。但在短视频中运用怜悯情感需要注意两个问题：一是不能过于煽情，过度消费观众的同情心，"为赋新词强说愁"，导致内容受到负面影响；二是要保证内容的真实性，不能为了博取同情策划虚假的情节，或者为了短视频的播放数据放弃道德底线。

4. 喜悦

喜悦是人类最重要的情感之一，也是最具有普遍接受度的情感类型，在短视频作品中通常与爱情、幽默、亲情、自豪感、民族感情等结合在一起。同时，喜悦也是最契合短视频社交传播的情感类型，人们刷短视频的重要原因就是娱乐，获得情绪的放松。因此，融合了喜悦情感的短视频内容具有强大且广泛的传播力，成为爆款的概率相应增加了。

5. 恐惧

相对于前面几种正能量的情感，恐惧似乎是人们努力规避的情感类型，但恐惧依然具有一定的"群众基础"，甚至有些人群对于恐惧情感甘之如饴，疯狂偏爱。因此，在符合平台内容规范基础上，赋予短视频内容一定的恐惧情感元素，也是让作品获得良好播放数据表现的技巧之一。

以上五种情感实际上是对人类复杂情感的一种简单归纳，从短视频作品的表达切入，寻找爆款短视频产生的底层逻辑。换句话说，只有调动以上一种或几种情感的短视频内容，才有机会吸引观众观看，进而产生良好的播放数据。反之，在短视频选题与脚本创意阶段无法紧扣以上任何一种情感，这样的作品大概率内容平淡无奇，观众看后内心毫无波澜，作品难以获得良好播放数据。

回到前文的问题，爆款短视频能够提供显著的情绪价值，而以上五种情感是构建短视频内容情绪价值的基础。接下来，本书详细拆解情绪价值的产生过程。如图8-2所示，吸引、激发和共情这三个关键词代表了情绪价值产生的三个步骤，也反映了情绪价值的强烈程度。共情是爆款短视频最可靠的情绪价值基础。

以下以航拍短视频完整的创作过程为例，详细阐述每一个情绪价值的创造点，并按照吸引、激发和共情三个阶段，解析航拍短视频创作过程中不同环节对应提供哪一类情绪价值，如图8-3所示。

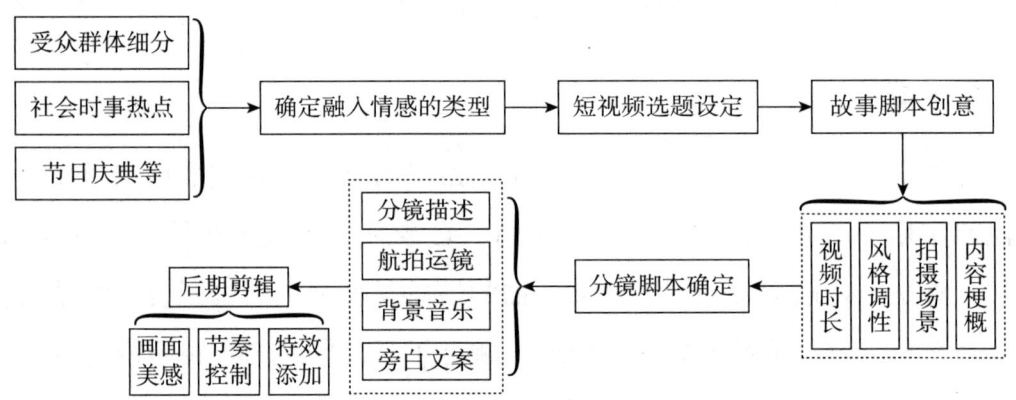

图 8-3 航拍短视频创造情绪价值创造方法论

▶ "吸引"阶段

在短视频选题和脚本创意的一次创作阶段，考虑以上五种情感的融入是为了解决短视频的"吸引"问题，即如何让短视频作品在平台众多作品中脱颖而出，让观众愿意停留并点击观看。这就需要通过情感的叠加，引起关注。因此，吸引是短视频作品产生情绪价值的第一步，也是入门级的情绪价值创造。

如图8-3，短视频的吸引力主要体现在选题设定的环节。选题不对，努力白费，观众大概率会划走视频而不是停留观看。如何设定有吸引力的选题呢？有三个关键技巧：首先，受众群体细分。短视频选择主题需要考虑观众的细分，如年龄、地域、收入和受教育程度等。我国网络视听用户的细分趋势明显，每一则短视频作品只能对特定的用户产生强大的吸引力，而其他群体很可能对这个主题无感。

其次，结合社会时事热点。虽然这些热点具有很大的偶然性，但短视频的编剧如果能够做到日常密切跟踪，且短视频制作速度跟得上的话，这类短视频"上热门"的机会还是很多的。

最后，结合节日庆典。某种意义上，这种方法也可以归为"蹭热点"，只不过这种热点具有确定性，如每年的劳动节、端午节、国庆节及春节等，还有其他各类纪念日等。这些都可以成为自带一定热度的短视频选题方向。

对短视频的吸引力能产生显著影响的是"情感类型的融入"，即在五种人类共通的情感范围内，依托短视频的选题，选择一种或几种情感融入脚本的创作中，从而解决作品产生吸引力的情感基础问题。例如，表达喜悦主题，同时融入怜悯、爱情或亲情等，这个过程实际上决定了故事脚本的整体调性。

需要说明的是，短视频能够对观众产生吸引力，除了融入情感的选题之外，后期剪辑中的特效添加在很多时候也非常奏效，如难得一见的航拍镜头，甚至更加刺激的穿越机镜头辅以后期剪辑的特效添加，在很大程度上可以帮助作品对观众产生强烈的吸引力。

故事脚本创意包括四个方面的内容：视频时长、风格调性、拍摄场景和内容梗概。也正是从这个阶段开始，爆款短视频的情绪价值创造进入第二个阶段——"激发"。如果说"吸引"是成为爆款短视频的门槛的话，"激发"观众情绪的第二阶段更为关键。

▶ "激发"阶段

短视频能够为观众创造情绪价值的更高阶段是"激发"，即作品能够引发观众显著的情绪波动。这种情绪波动源自前文提到的人类共通的五种情感基础，波动的幅度越大，作品越具有成为爆款的潜质。如何能够最大化地激发观众的情绪波动，创造更大的情绪价值？根据图 8-3 所示，从故事脚本创意阶段到作品的后期剪辑阶段，都有机会激发观众的显著情绪波动，其中最关键的要素分别属于故事脚本、分镜脚本和后期剪辑。

1. 内容梗概

经过短视频主题设定阶段，短视频的内容梗概基本上已经确定了，如花城航拍的《真的爱你》，主题选择是中国共产党成立 100 周年，内容梗概是通过航拍镜头展现中国共产党成立 100 周年的伟大成就，激发观众的自豪感，这是无可置疑的内容主线。

2. 音乐及旁白

既然是创造情绪价值，那么什么能煽情？除了内容创意之外，还有音乐及旁白，甚至旁白的音色都是调动观众情绪的重要元素，如《舌尖上的中国》里那充满磁性的解说声音，瞬间让寻常美食缭绕了厚重的烟火气。花城航拍的《真的爱你》之所以能够产生爆款效应，想必 Beyond 的经典名曲《真的爱你》贡献不少，如此应题应景的背景音乐与主题内容相得益彰，激发着观众的情绪。类似的案例还有前文提到的流氓兔视觉的《致春天》，虽然属于无声旁白，但唯美的画面和文案让观众感受到了广州这座城市的力量，给人以奋进的正向情绪价值。

3. 画面及节奏

第三个创造情绪价值的抓手属于视频后期制作阶段，通过画面的调色及剪辑出的"故事"节奏，配合前面提及的音乐及旁白，也能大幅提升作品的煽情能力，从而达到激发观众情绪的目标。

从"吸引"到"激发"这一看似简单的转化，却是很多作品难以完成的。见多识广的短视频观众，无论是认知能力还是审美水平都已经被训练得非常成熟。一则短视频作品要想成功激发并带动观众的情绪，我们一定不要低估其中的难度。这也是爆款短视频总是稀缺的原因。

▶ "共情"阶段

根据前文的划分标准,爆款短视频需要跨越小热门和大热门两个阶段,而能够称为爆款的作品属于短视频中的顶级作品了,因此从情绪价值的创造角度,爆款作品也需要跨越"吸引"和"激发"两个阶段,让观众"共情"。这是短视频创造情绪价值的最高阶段,也是爆款视频产生的坚实基础。

关于影响短视频获得共情的因素,总结如图8-4所示。

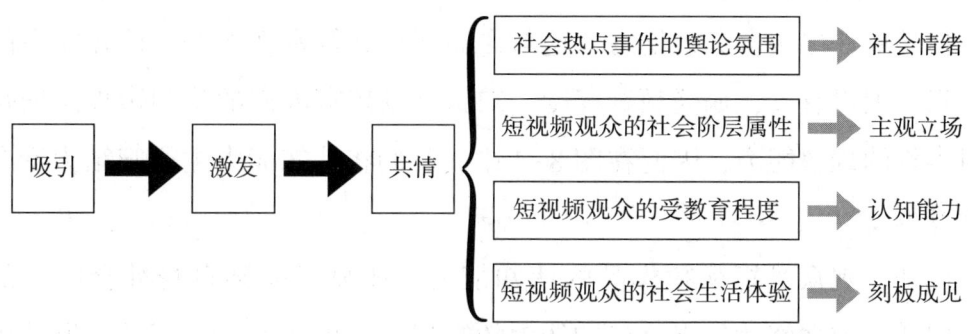

图8-4 影响短视频获得共情的因素

1. 社会情绪

短视频想要获得观众的共情,对于社会热点事件的关注十分必要,同时拍摄制作环节也要跟得上节奏,快速发布作品。当然,仅如此还不够,编导在策划作品内容的时候,还需要考虑社会热点事件引发的舆论,即热点事件产生的社会情绪,通过迎合或疏导这种社会情绪,获得观众的共情。

需要强调的是,一定要注意对社会热点事件引发的舆论的正确引导,不能为了博眼球而传播负面社会情绪,甚至违背公序良俗和法律规定,为了轰动效应而恶意引导社会舆论。

2. 主观立场

观众对待短视频主题的主观立场,对于引发共情非常重要,如观众持爱国主观立场，就能够对展现国家建设成就的短视频内容产生共情。因此，我们在策划短视频的时候，首先需要明确作品针对的目标受众，不同的群体对于特定主题有不同的主观立场。其次，需要研究受众的社会属性，确定受众的内容偏好，如有些受众偏好理性的内容，而有些则偏好夸张的娱乐内容。作品想要获得共情，就需要仔细研究这些差异，并将其体现在短视频作品的创作中。

3. 认知能力

观众的认知能力，可以简单理解为观众对于短视频内容的理解能力，即看懂作品更深层次含义的能力，这与作品获得共情密切相关。认知能力的获得与很多因素有关，如受教育程度。知识可以拓宽人们的认知边界及增强人们对事物的理解能力，因此在图8-4中，我们将认知能力主要归结为受众的受教育程度。

此外，观众对短视频作品的认知能力，还显著受到自身社会阅历的影响。因此，前文阐述的提高认知能力的知识，不仅指通过学历教育所获得的知识，还包括在社会生活中获得的社会知识和人生感悟等。

4. 刻板成见

刻板成见是观众对特定主题或观点持有的坚定的预设立场。这种立场在大部分情况下不利于作品引发观众的共情，除非观众的刻板成见与短视频的立场相一致。观众群体刻板成见的成因比较复杂，既有前文提到的认知能力因素，也有观众的社会生活体验等原因，如特定的观众经历了较多的感情波折，那么他也许对于爱情主题的短视频内容无法产生共情。

以上四种影响短视频获得共情的因素，共同发挥着作用，同时成因也相互交织。一名优秀的短视频编导需要在对特定主题作品的目标受众精准界定和分析的基础之上，深入思考这些因素，规避障碍、放大共识，争取让作品在共情层次上为观众创造更大的情绪价值，同时也奠定作品成为爆款的基础。

短视频创造了从吸引、激发到共情的情绪价值之后，编导和后期剪辑需要考虑讲故事的节奏，这也是影响爆款短视频诞生的重要因素。在信息日益碎片化的时代，短视频之所以能够成为信息传播的主流，关键是短平快的节奏控制。从项目实践的角度，节奏的控制主要包括两个要素：视频时长和剪辑节奏。无剧情的情况下，15 秒左右的时长是最佳节奏平衡；明确主题或剧情的情况下，2 分 30 秒是最佳节奏平衡。

短视频的节奏还可以通过剪辑进行控制。后期剪辑根据剧本的内容梗概，辅以音乐、特效等手段，控制画面在 3~5 秒进行转换，节奏明快地完成视频内容的讲述。在短视频创作实践中，节奏控制绝对可以算得上"高端技能"，同样的剧本，甚至同样的视频素材，不同的节奏控制能让作品最终的播放效果产生显著差异。

至此，关于爆款短视频的方法论就阐述完毕了。按照图 8-1 所示，除了短视频选题与脚本创意的"第一次创作"之外，还有摄影师（飞手）和后期剪辑的"第二次创作"，以及基于数据分析理性思维的作品发布和运营。后面两个阶段对于爆款短视频的产生也发挥着各自的作用，对此本书前面的章节中分别有详细阐述，这里就不赘述了。

总结而言，爆款短视频的生产是一个系统工程。无论对于团队创作还是个体创作而言，在理解以上方法论基础上的经验总结非常关键，作品选题的敏感性以及作品创作流程的默契衔接至关重要。即便按照方法论的要求，完美复现了所有爆款短视频的必备元素，结果也不一定是爆款。这里还有平台内容推荐算法、同类题材及其他偶发因素的影响。从某种意义而言，这些属于不可抗力，无法预测，因此爆款短视频方法论的价值是提升爆款产生的概率，无法做到百分之百的技术性保障。接下来通过实际案例的解读，初步验证前文提炼总结的爆款短视频生产的方法论。

案例展示

影航映画：《广州灯光节》

如图 8-5 所示，这则作品由影航映画于 2023 年 11 月 21 日发布在官方视频号。截至 2024 年 6 月，该作品点赞量 4596，转发量 7270，评论量 202。对于此类题材的作品而言，该作品的数据表现已属优秀了。

扫码观看完整案例视频

图 8-5　影航映画：《广州灯光节》（穿越机视角）

从作品创作的角度，这则作品最大的特点是选题和航拍运镜手法。作品的选题契合了广州灯光节的社会热点事件，拍摄的场景选定在广州最繁华的中轴线上。该作品的目标受众是对广州城市建设成果具有认同感的市民，以及对广州现代城市夜景怀有好奇心的网民。创作者为作品注入的情感因素是自豪感，通过独特的航拍视角及灯光节的色彩实现了从吸引到激发，再到共鸣的情绪价值建构。这是该作品能够产生较好播放数据的原因。

此外，在此次灯光节拍摄中，影航映画是唯一采用了穿越机（FPV）拍摄的制作方。穿越机的镜头几乎贯穿了整个作品，将航拍镜头的新鲜感、刺激感发挥到了极致，配合灯光节璀璨的视觉效果打造"黄金3秒"的开场，较好地解决了作品吸引观众停留、观看的难题。

花城航拍：《光语广州》

如图8-6所示，《光语广州》由花城航拍创作，于2023年2月4日在花城航拍官方抖音号和视频号同步发布，其中视频号的播放数据比较出众，截至2024年6月，喜欢该作品的观众达到9.7万，转发量6.2万，点赞量8151；该作品在抖音账号的播放数据比较普通。这反映了不同的短视频平台的用户特征差异明显，同样的作品播放数据呈现天壤之别。这对于爆款短视频的运营具有参照价值：为作品选择合适的发布平台，才能有机会收获期望的播放效果。

扫码观看完整案例视频

图8-6　花城航拍：《光语广州》

《光语广州》能够在视频号获得如此出众的播放数据，除了因作品的目标受众与微信视频号的受众吻合度较高之外，还因作品将AR技术与航拍画面结合起来，展现了一场充满想象力、趣味性的霓虹色系的视觉盛宴，为观众营造了不一样的元宵节氛围。当然，该作品发布的时机也是获得良好播放数据的重要原因。短视频的主题策划与节假日结合是一条捷径，可以让作品自带热度流量。此外，该作品在情绪价值创造方面同样非常突出，元宵节的浪漫结合光影的视觉特效，喜庆欢乐的情绪即刻得到很好的烘托，加上AR特效的运用，大大增强了观众的黏性和共鸣感。

 **案例解读**

爆款短视频，准确的说法是能够取得良好播放数据的短视频作品，关键是要为观众创造足够的情绪价值。

为观众创造情绪价值，首先要细分受众群体。本章的两个案例的目标受众具有很大的共同性，即都是对广州经济社会和城市建设发展的成就持肯定和正面态度的受众，也都是热爱生活、充满正能量的群体。他们容易被上述两个视频内容吸引并产生共情。

其次，在明确受众群体的基础上，作品的主题尽量选择社会时事热点或节日庆典。影航映画的《广州灯光节》和花城航拍的《光语广州》分别对应的是灯光节这样的社会热点时事，以及元宵佳节这样的传统节日，主题自带热点，在恰当的时机发布就容易获得流量。

最后，确定融入情感的类型。本章的两个案例融入的都是喜悦这一情感。无论是灯光节带来的炫目视觉盛宴，还是元宵节的欢乐祥和的节日氛围，喜悦是共同的情绪表达，也是作品竭尽全力去放大的情绪价值。

通过以上三点，本章的两个案例作品实际上已经完成了爆款航拍短视频的基础铺垫，即针对合适的人群，借助合适的时机，发布饱含喜悦情绪价值的作品。它们在底层逻辑上已经具备了爆款短视频的潜质。

接下来，如何通过作品的制作实现从吸引、激发到共情，这就需要依靠故事脚本和分镜脚本的细化，为短视频的内容安排合适的情节及通过航拍运镜、后期剪辑、调色和特效为作品增加"观看黏性"，确保观众沉浸到作品的观看中，并给出点赞、收藏和转发的互动反馈，进而撬动平台内容推荐算法，为作品增加曝光，不断累计播放数据，最终形成爆款效应。在这一方面，本章的两个案例也进行了创新，如《广州灯光节》为了提升自身的吸引力，解决"黄金3秒"的开场问题，大量运用穿越机（FPV）的镜头，将航拍运镜的效果发挥到了极致，为观众带来了前所未有的观赏视角，配合节奏明快、铿锵有力的背景音乐,进一步放大了作品的情绪价值。花城航拍的《光语广州》也通过 AR 特效,将光效叠加在航拍的实景之上,配合元宵节的节日氛围,渲染喜悦的情绪,同时增加了作品的吸引力,避免观众轻易"划走",显著增强了作品的"观看黏性",为获得优秀的播放数据奠定了坚实的基础。

▶ 为什么说爆款航拍短视频的生产是一项系统工程?

爆款短视频,包括爆款航拍短视频,从数据来看是可遇不可求的,即能够达到爆款标准的短视频作品总是稀缺的,是带有很大的偶然性的。这中间不仅有作品本身的创作原因,还包括其他影响作品播放数据的因素,如图 8-7 所示。

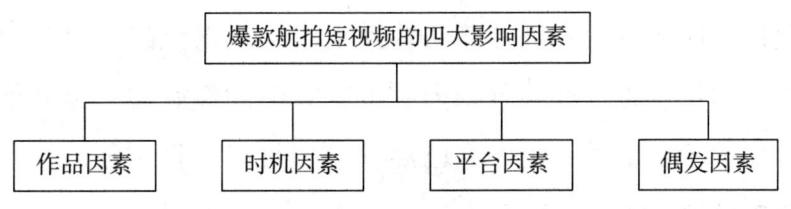

图 8-7　爆款航拍短视频的四大影响因素

爆款航拍短视频的产生,首先受作品因素影响。打铁还需自身硬,从短视频的创作角度来看,这一点是毋庸置疑的,本章中总结出的方法论,绝大部分与作品的创作有关。好的作品才有可能获得好的播放数据,甚至成为爆款,这是一个短视频创作团队应有的基础信念。

关于作品创作的因素,从界定目标受众到选题,再到情感类型的融入以及作品的拍摄、剪辑、特效添加等,在前面章节中已经有充分的阐述。需要强调的是,作品的质量控制非常重要,不可因为若干次精心制作的作品无人问津而放弃对创作专业度的把控。

其次，时机因素对于作品的播放数据表现非常关键。这里的时机因素包括两个方面：一方面是作品的创作时机；另一方面是作品的发布时机。通常而言，创作时机大致等同于发布时机，如花城航拍的《光语广州》，作品的创作和发布时机都瞄准了2023年元宵节。但在短视频实践中，也存在对作品的发布时机要求不严格，内容时效性不强的情况，这样的作品就需要精心选择恰当的"出场"时机，如第七章隆视觉的天成台度假村作品。这种关于特定旅游景点的作品本身并不包含明确的时机特质，但如果选在旅游旺季进行发布，显然播放数据会好很多，其中的逻辑是很容易理解的，这在一定意义上也属于"蹭热点"。短视频的运营需要密切关注社会焦点，适时推出合适主题的作品，收获最佳的播放效果。

再次，短视频能否成为爆款，还需要考虑平台因素，毕竟平台才是播放数据的流量池来源。平台因素可以拆分成三个影响因子：一是平台对主题内容的引导性，短视频社交平台会出于各种原因，在特定时期内鼓励创作者参与创作特定主题的短视频作品，对于符合平台主题方向要求的作品给予更大的流量支持；二是平台的内容推荐算法决定了作品的曝光度，进而决定了作品的播放数据，而平台内容推荐算法普遍采用"黑箱机制"且每时每刻都在进化，短视频创作者无法准确预知内容推荐算法的偏好；三是其他创作者的竞争要素，如关于某个主题的作品已经发布了很多，且作品的标签类似，作品流量就会被稀释。

最后，偶发因素在很多情况下也会显著影响短视频作品的播放数据表现，因此爆款短视频的产生在某种意义上带有偶然的成分。平台的算法在随时变化，平台观众的兴趣点在随时变化，平台各种类型的短视频作品也在随时变化。这些"随时变化"叠加在一起，且考虑到一则短视频作品的播放数据主要靠发布之后的72小时积累，一旦错过这个窗口期，作品播放数据基本上不会有太大的变化了。

总结而言，爆款短视频的产生是"不可控"的，是一个复杂的系统工程，其中有确定的部分，也有创作者无法掌控的部分。总结爆款短视频创作方法论的意义在于增加爆款产生的概率与爆款作品的确定性，而掌握本章总结和提炼的方法论，对于航拍短视频创作者而言是核心竞争力打造的过程，这也是创造观众、平台和创作者三赢局面的基础。

▶ 爆款短视频提供的情绪价值是什么？

爆款短视频的创作是一项系统工程，其中包含了某些不确定性因素，因此从结果来看，爆款短视频的产生是一个概率问题。本书对方法论的总结是为了提升爆款短视频产生的概率，探索短视频成为爆款的确定性因素。根据图 8-7，时机因素和平台因素都有显著的不确定性，尤其是平台因素，内容推荐算法的"黑箱机制"让爆款作品的产生呈现随机特点，反映在实践中，就是某个短视频作品的播放数据突然爆发，当创作者按照爆款作品的模式再次拍摄新的作品并发布，新作品的播放数据却不尽如人意。

因此，作品因素是爆款短视频生产中相对可控的确定性因素。如何在作品因素中进一步寻找确定性呢？答案是为特定观众创造足够的情绪价值。情绪价值最初来自经济学和营销领域，美国爱达荷大学商学院的 Jeffrey J. Bailey 教授从顾客与企业之间的关系营销视角出发，将"情绪价值"定义为顾客感知的情绪收益和情绪成本之间的差值，情绪收益为顾客的积极情绪体验，情绪成本则为负面情绪体验，即情绪价值=情绪收益-情绪成本。短视频创作视角的情绪价值如图 8-8 所示。

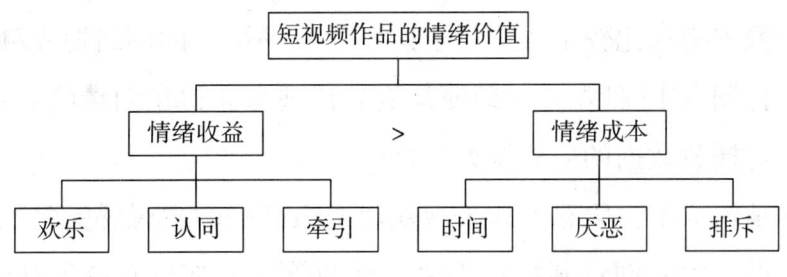

图 8-8　短视频创作视角的情绪价值

根据图 8-8，短视频作品创造情绪价值的关键是观众通过作品所获得的情绪收益要大于情绪成本。具体而言，短视频创造的情绪收益包括三项：欢乐、认同和牵引。这三项收益是递进关系，最大的情绪收益是牵引效应。

首先是欢乐的情绪收益。网络短视频带给观众的是娱乐休闲体验，这也是网络短视频区别于其他平台的视频作品的关键。因此，即便是创作"正剧"类型的短视频作品，也需要进行一定的娱乐化包装，争取给观众创造欢乐的情绪收益。例如，花城航拍的案例就是如此。作为专业新闻生产机构，花城航拍的大部分作品是新闻报道性质的，但适度的娱乐化包装（包括背景音乐和后期特效）让原本严肃的新闻报道变得轻松活泼，为观众创造了欢乐的情绪收益。

其次是情绪收益的更高阶段：认同。短视频只给观众带来一定程度的欢乐是不够的，获得观众最大限度的认同才是作品核心价值的体现。作品获得认同需要建立在两个前提之上：一是选择合适的目标受众，这一点在短视频选题阶段就已经明确了，只有特定的观众才能对某个作品产生认同和共鸣；二是作品本身是言之有物的，即存在核心的主张和观点，否则观众的认同缺乏目标。

最后是情绪收益的最高阶段：牵引。牵引的含义是观众在观看作品的同时，或者观看完作品，能够采取行动，如评论、点赞、收藏和转发。以上行动对于爆款短视频的意义不言而喻。从递进关系来看，牵引的基础是认同，观众只有认同作品，才有可能被牵引，进而采取行动支持短视频作品。

情绪成本包括三项：时间、厌恶和排斥，这三者是并列关系。第一项情绪成本：时间，指短视频的时长。根据前面章节的众多案例来看，视频的时长对于播放数据表现比较重要。对于讲究"短平快"的网络短视频而言，应尽量将时长控制在15秒左右。即便是能够让观众获得正向情绪收益的作品，时长越长，对播放数据的挑战越大。

第二项情绪成本：厌恶。如果观众观看短视频的主观感受是厌恶，这代表作品从主题、内容创意到拍摄手法、后期等环节都没有获得观众的认可，偏离了受众群体的主流价值判断，甚至引发了受众明显的负面情绪。这些情绪显然无益于爆款作品的诞生。需要说明的是，在当前短视频社交平台中，不乏一些创作团队专门利用某些观众群体的"审丑"心理，拍摄制作一些

"厌恶型"作品,故意引发争议(增加评论量),欺骗平台的内容推荐算法,获取更大的曝光流量。这种做法在平台内容创作规范日益完善、平台用户素质不断提升的背景下,越来越难以奏效。

第三项情绪成本:排斥,这属于"厌恶"的更高发展阶段,说明观众对特定作品的态度已经到了采取"脱离"行动的程度,如向平台举报创作者,或者选择拉黑创作者,不愿意再受此类作品的影响。

总结而言,从观众视角来看,爆款短视频产生的确定性因素之一是作品能够提供情绪价值,这种情绪价值沿着吸引、激发和共情的路径发展;发展的程度越高,情绪价值越高,越能够引发观众的行动,进而影响平台内容推荐算法,将作品推向爆款短视频的方向。

▶ 用户观看黏性的主要构成是什么,主要受哪些因素的影响?

本书不同的章节反复提到了"观看黏性"的概念,那么短视频用户的观看黏性到底该如何定义呢?观看黏性指用户在观看短视频作品时的情感投入程度。投入程度越高,作品对观众的黏性越强。图8-9展示了用户观看黏性的构成与影响因素。其中,兴趣度确保了用户观看行为较低的跳失率,避免用户随时脱离观看行为;沉浸度代表了作品保持完播率的程度,也是作品能够创造情绪价值的基础;互动度反映了用户针对作品通过评论、转发等行为展开与创作者的互动交流,这也代表了观众对作品情绪价值的某种认可。

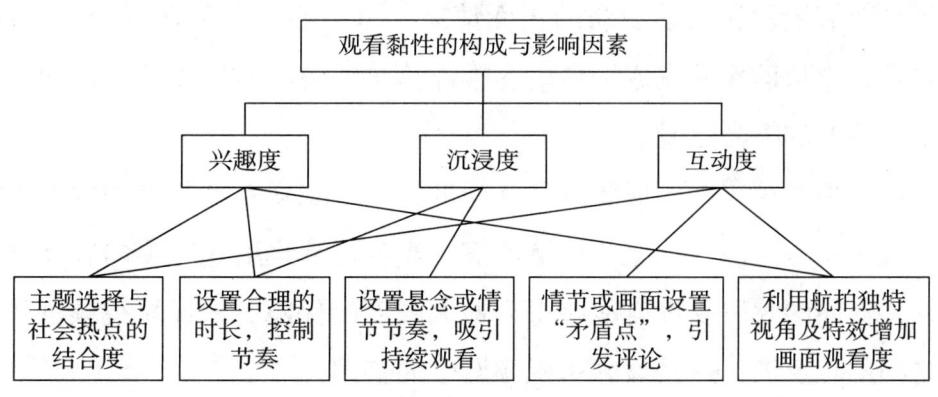

图8-9 观看黏性的构成与影响因素

兴趣度是构成观看黏性的三要素之一，与之相关的主要有四个因素：视频主题、内容创意、航拍运镜和视觉特效。首先对兴趣度产生影响的是视频的主题设定，当然其中也包括了发布时机。特定的主题选择特定的时机发布，才能最大限度引发观众的兴趣。基于特定主题的内容创意，主要解决的是"黄金3秒"的开场问题，"黄金3秒"本身就是观众兴趣度的判断标准。内容创意的具体表现就是前文提到的故事脚本和分镜脚本的创意。此外，针对航拍短视频而言，兴趣度还与航拍运镜的技巧以及视觉特效有关，如本章所选择的两个案例，分别运用了穿越机的独特航拍视角以及AR特效进行后期处理。这些令人耳目一新的视觉体验是吸引观众兴趣度的撒手锏，也是航拍类短视频相对于传统短视频的独特优势。

观看黏性三要素之一的沉浸度，反映了观众在打开短视频，并开始观看之后的投入情况。沉浸度高的短视频能够减少观众的跳失率，同时有助于提升作品的完播率。这对于平台内容推荐算法而言，是一项非常重要的参考指标。

与沉浸度相关的因素主要有三个：内容创意、时长节奏和情绪价值。内容创意是用户在观看作品的时候产生"沉浸"的基础。时长节奏包含两层含义。时长指视频的长度。通常而言，应在表述清楚主题的前提下，尽量缩短作品时长，在观众还来不及产生厌烦心理的时候完成视频的播放。节奏指讲故事的节奏。这项指标既与视频脚本有关，也与后期剪辑的节奏处理有关。短视频的节奏最好控制在3~5秒切换场景或推进情节。越具有情绪价值的作品，越是能够激发和调动观众的正面情绪，越能够吸引观众沉浸在作品中，在潜移默化中帮助作品完成平台内容推荐算法的各项数据考核，进而获得爆款短视频需要的曝光流量。

观看黏性的第三个构成要素是互动度，引发观众互动行为的因素主要有三个：视频主题、内容创意和情绪价值。当观众围绕上述三项内容展开互动的时候，作品的观看黏性就能够得到最大限度的保障，形成短视频创作者与观众之间的正反馈，这是爆款短视频诞生的基础。

总结来看，用户的观看黏性是一个综合概念。本书根据短视频创作的规律、案例分析和平台算法，提出了"观看黏性"的概念。然而，正如爆款短视频的判定标准一样，用户的观看黏性也没有统一且确定的量化评估标准。分析其构成和相关影响因素，目的还是探索短视频创作过程中的确定性，增加爆款短视频的产出概率。创作者还需要在短视频的创作过程中认真琢磨，不断探索和总结，逐渐找到独属于自己的流量密码，形成独具特色的创作风格和理念。